KB269663

# 생물에 둘러싸인 하루

# 생물에 둘러싸인 하루



고선아 지음 · 권오길 감수

살림Friends

# 추천의 글

"아침에 일어나 하품을 하고, 밥과 김치를 비롯한 여러 가지 음식을 먹습니다. 학교나 직장으로 가는 길에는 풀과 나무, 곤충과 새들을 만납니다. 어쩌다 병이 나면 병원을 가고, 저녁엔 근처 공원에 산책을 하고, 여름 휴가철에는 시원한 바닷가를 가지요."

이는 저자의 머리말의 일부다. 맞다. 우리는 매일을, 그리고 하루 종일을 생명 활동과 떨어져 본 일이 없다. 이렇게 항상 볼 수 있는 생명 활동이지만 그 신비로움이란 두말할 것도 없다. 생명 활동은 그 모양새를 인간이 쉽게 흉내 낼 수 없을 뿐더러 어떠한 것은 그 원리를 짐작조차 하지 못한다. 생명 활동을 배우는 것은 주변의 살아 움직이는 것들을 새삼 다시 보는 것에서 시작한다. 잠자는 것, 하품 등의 내 몸의 생리현상, 푸나무와 주변의 동물들, 멀리 바다에 서식하는 생물들,

그리고 병원에서 자주 만나는 세균이나 바이러스, 곰팡이라는 미생물까지 무궁무진한 생물 이야기가 숨겨져 있다. 이 책은 이러한 생물들의 이야기를 크게 5부로 나누어 깊고 폭넓게 다루고 있다.

1부는 그야말로 우리 바로 곁, 집 안에서 찾아볼 수 있는 생물 이야기다. 냉장고에 들어 있는 아기 주먹만 한 달걀서부터 사람의 난자까지, 모두가 세포 하나로 된 단세포라는 흥미로운 사실로 말문을 연다. 고추가 매운 까닭이 무엇인지, '락투신'과 '락투세린' 같은 물질 때문에 상추를 먹고 나면 잠이 잘 온다는 흥미로운 이야기부터 우리가 먹는 감자는 덩이줄기고 고구마는 덩이뿌리라는 등 식품의 성질들과 음식물의 소화, 에너지 발생 등의 인체의 생명 활동에 대해서 찬찬히 다룬다.

2부의 배경은 병원이다. 우리가 살아가는 동안 병원에 가끔 가지 않을 수 없다. 그러니 병원에 가서도 주변의 여러 일들에 관심과 호기심을 가져 보라고 저자는 권하고 있다. 이와 함께 병원에서 자주 언급되는 바이러스, 세균 등의 미생물과 기생충, 담배의 해악 등과 신체의 특성 등을 재미있게 풀어냈다.

3부에서는 동물원에서 흔히 보는 동식물을 논한다. 죽기 전에 주인에게 "I love you!"라는 말을 남겼다는 천재 앵무새에서부터 멸종위기에 처한 호랑이, 악어를 영어로 '앨리게이터'라고도 하고 '크로커다일'이라고도 하는 까닭 등의 이야기가 흥미롭다!

4부에서는 선인장, 대나무 등의 식물에서 여러 동물 이야기를 펼친다. 그중에서도 갈대와 억새를 구분 못 해 일어난 '쇠돌이와 순례'의 안타까운 사랑 이야기가 기억에 남는다.

5부는 바다 생물들의 이야기다. 고래는 육지에 살다가 바다로 돌아갔다든가 해마는 아비가 새끼를 육아낭에 넣어 키운다는 등의 흥미진진한 이야기가 이어진다.

우주의 다른 행성에도 생물이 살고 있을지를 궁금해 하는 오늘날이지만 내가 생활하는 이곳이야말로 생물, 즉 살아 있는 것들로 가득한 활기찬 공간이다. 저자는 독자들에게 집 주변, 공원의 산책로, 우리 몸, 병원 그리고 바닷가를 나설 때, 살아 있는 것들에 관심을 가져 보라고 권한다. 주위를 둘러보면 흔히 볼 수 있는 생물들도 자손을 번식하기 위해 놀랍도록 다양한 방법으로 열심히 살아가고 있음을 알게 된다. 부드러운 권유의 말로 운을 떼는 이 책은 먼 이야기가 아닌 바로 우리들이 보고 경험하는 가까운 이야기를 느끼고 실천하게 만든다.

저자는 어려운 생물 이야기들을 아주 쉽게 풀어 쓰느라 애를 썼을 뿐더러 새로운 최신지식도 풍부하게 덧붙였다. 구석구석 속담이나 자주 쓰는 말을 인용하면서 거기다 실감나는 예를 들어 주었기에 신나고 즐겁게 읽을 수 있었다. 평범해 보이는 생물들에 숨겨진 재미있는 사연들을 읽노라면 금세 책장이 넘어간다. 저자가 많은 자료를 조사하고 좋은 예시들을 골라 썼음을 알 수 있었다. 고백컨대 필자도 이 책을 읽으면서 새로운 생물지식을 많이 배웠다. 미생물에서 인체, 동물과 식물을 골고루, 다양하게 이야기하고 있어 '작은 백과사전'이라 부를 만하다. 눈에 보이지 않는 미생물들의 세계를 다룰 때도 이야기를 쉽고 재미있게 풀어내 술술 읽힌다. 나도 생물을 대상으로 글을 쓰는 '생물수필가'이지만 물 흐르듯 이어가는 저자의 글 솜씨가 부럽다 하겠다.

권오길_ 경남 산청에서 태어나 진주고, 서울대 생물학과 및 동 대학원을 졸업하고, 수도여중·고, 경기고, 서울사대부고 교사를 거쳐 강원대 생물학과 교수로 재직했다. 현재는 강원대 명예교수로 있다. 청소년을 비롯해 일반인이 읽을 수 있는 생물 에세이를 집필하고 있으며, 그 일부('사람과 소나무')가 중학교 국어 교과서에 실리기도 했다. 「강원일보」에 15년이 넘도록 〈생물 이야기〉라는 칼럼을 연재해 오고 있으며, 포털사이트 네이버에 〈오늘의 과학〉을 연재하였고, 「주간조선」에 〈권오길 교수의 자연이야기〉를, 「교수신문」에 〈권오길의 생물읽기 세상읽기〉 칼럼을 연재하는 등 왕성한 집필활동을 하고 있다. 지은 책으로는 『꿈꾸는 달팽이』『인체 기행』『생물의 죽살이』『생물의 다살이』『바다를 건너는 달팽이』『오늘의 과학』『갯벌에도 뭇 생명이』 등 다수가 있고 그 외에도 방송, 강연 활동을 통해 재미있는 과학 이야기로 대중들과 소통하고 있다. 2000년 강원도문화상(학술상), 2002년 한국간행물윤리위원회 저작상, 2003년 대한민국과학문화상을 수상했다.

# 머리말

　우리 몸은 아주 작은 세포에서부터 시작됐다는 사실을 알고 있나요? 우리 몸뿐만이 아니죠. 지구를 이루고 있는 생물들도 아주 작은 단세포에서부터 오늘날 복잡한 구조를 가진 생명체로 진화되었답니다. 우리가 숨을 쉬며 살고 있는 바로 이 순간에도 우리 몸에서, 또 우리 주위에서 여러 가지 생명 활동들이 끊임없이 일어나고 있지요.

　아침에 눈을 떴을 때부터 한번 생각해 볼까요? 아침에 일어나 하품을 하고, 밥과 김치를 비롯한 여러 가지 음식을 먹습니다. 또 학교나 직장에 가면서 풀과 나무, 곤충과 새들을 만나고 가끔 시원한 아이스크림도 먹습니다. 그러다 배탈이라도 나거나 감기에라도 걸리면 병원에 갑니다. 또 저녁엔 근처 공원을 산책하기도 하고, 여름휴가 땐 시원한 바닷가로 놀러 가기도 하지요. 매일매일 살아가는 모든 순간 생명 활동과 떨어지는 적이 없어요. 나를 비롯해 나를 둘러싼 모든 생명체들이 끊임없이, 부지런하게 생명 활동을 하며 살아가고 있답니다.

하지만 생명 활동은 귀를 기울이고 관심을 갖지 않으면 무심코 지나치기 쉬워요. 몸속에서 일어나는 일은 볼 수도 없거니와 주변의 생명체들도 알려고 하지 않으면 그저 당연히 그 자리에 있는 지루한 일상일 뿐이니까요.

잠시 귀를 기울이고, 눈을 크게 뜨고, 손을 뻗어 나를 둘러싼 하루 동안의 생명 활동을 찾아보면 새로운 세상을 만날 수 있습니다. 보이지 않던 미생물이 보이고, 잘못 알고 있던 생물 상식이 바로 잡히면서 지루하던 일상이 새롭게 보일 거예요. 그 어떤 영화나 드라마보다 더 신비롭고 흥미진진한 생명 활동 속으로 지금부터 안내할게요.

고선아

*이 책의 내용은 생명공학을 전공하면서 배운 기초 지식과, 그동안의 취재와 자료 조사를 통해 알게 된 내용을 바탕으로 하였습니다. 일일이 밝히진 못했지만, 취재에 도움을 주셨던 모든 분들께 깊은 감사의 인사를 전합니다.

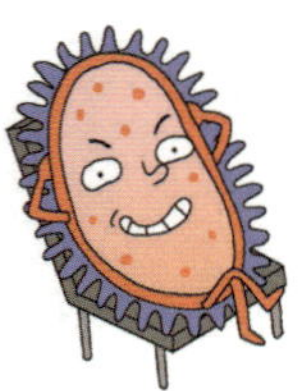

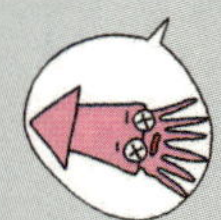

집은 왠지 시시하다. 매일같이 먹고, 자고,
생활하면서 익숙해진 집은 호화롭게
꾸미지 않은 다음에야 그리 특별할 게 없기 때문이다.
하지만 '생물'이란 돋보기로 집 안 구석구석을 살펴보다 보면
생각이 달라진다. 숨바꼭질을 하듯 찾아낸 생물 이야기가
집을 특별한 공간으로 만들어 준다.

PART 1
집에서 궁금한
생물 이야기
공원

# 거대한 세포, 달걀 

"냉장고에서 가장 큰 세포 하나만 갖다 줄래?"

어느 날 혹시 엄마가 이런 말을 한다면 분명 생물학에 일가견이 있는 엄마라고 생각해도 좋다. 엄마는 '달걀'이 냉장고 안에서 찾을 수 있는 가장 커다란 세포라는 걸 알고 있기 때문이다. 달걀이 닭이 낳은 알이라는 건 알겠는데, 주먹에 쥐면 꽉 찰 정도로 큰 달걀이 달랑 하나의 세포로 이뤄졌다니?



세포는 생물체를 이루는 가장 작은 단위로, 동물과 식물에 따라 동물 세포와 식물 세포로 나뉜다. 우리 사람의 몸도 세포로 이뤄져 있는데, 그 평균 크기는 17마이크로미터 정도로 작다. 그래서 약 270종, 60조~100조 개의 수많은 세포가 모여 우리 몸을 이루고 있다.

세포는 이렇게 아주 작아서 눈에 보이지 않는 것이 대부분이지만, 알세포처럼 큰 것도 있다. 즉 달걀이나 메추리 알, 개구리 알, 심지어 달걀의 20배나 되는 거대한 타조 알까지 알은 크든 작든 모두 하나의 세포다.

알세포가 이렇게 큰 것은 알에서 태어날 새끼를 위한 양분을 갖고 있기 때문이다. 알은 암컷의 몸속에 들어 있는 하나의 난자로, 여기에 수컷의 정자가 들어와 수정이 된다. 달걀도 마찬가지다. 암탉의 난자인 달걀은 수컷의 정자와 만나 수정된 뒤 알을 낳아 품으면 병아리가 된다.

달걀은 가운데 노른자와 그 둘레의 흰자로 이루어져 있는데, 이 노

른자와 흰자 모두 병아리가 먹고
자라는 영양분이다. 노른자에는 단
백질, 지방, 비타민 등이 들어 있
고, 흰자는 수분과 약간의 단백질
로 이뤄져 있다.

▲ 달걀 노른자. 이 큰 덩어리가 모두 한 개
의 세포다.

　아니, 흰자와 노른자 모두 양분
이라면 도대체 병아리는 어디서 생기는 걸까? 병아리가 되는 부분은
노른자에 점처럼 보이는 '배아'로, '씨눈'이라고도 한다. 그리고 노른자
양쪽에 돌돌 꼬여 있는 흰 줄은 노른자의 위치를 고정해 주는 '알끈'
이다.

　여기서 잠깐. 타조 알은 공룡 알보다 더 크다. 가장 큰 타조 알은
가장 큰 세포로 알려져 있다. 그러니 혹시 달걀뿐만 아니라 타조 알

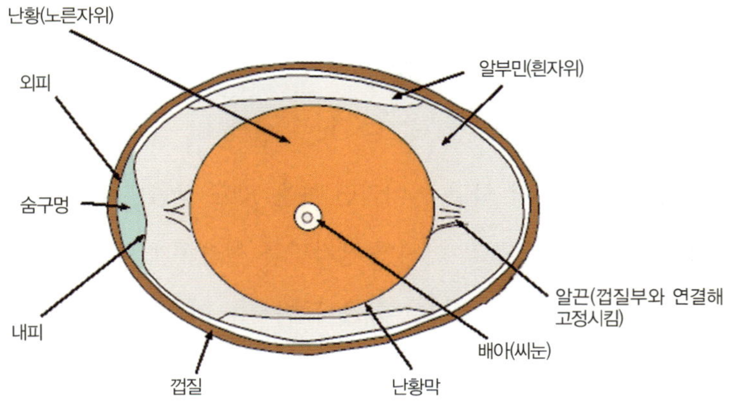



▲ 달걀의 구조

도 냉장고에 넣고 먹는 집이라면, 앞선 엄마의 말씀에 달걀 대신 타조 알을 갖다 드려야 한다는 걸 잊지 말자.

## 사람의 난자

사람 몸에서도 역시 가장 큰 세포는 '알'에 해당하는 '난자'다. 난자의 크기는 0.2밀리미터 정도로 우리 몸속 세포 가운데 가장 크다. 난자의 크기가 다른 세포에 비해 큰 것 역시 영양분을 저장하고 있기 때문이다. 난자가 정자와 만나 수정이 되면 자궁벽에 착상을 해야 하는데 수정이 이뤄지는 '수란관'에서 착상을 하는 '자궁벽'까지 가는 데 약 7일 정도가 걸린다. 즉 그 7일 동안에는 난자에 들어 있는 영양분으로 먹고 살아야 하니 난자의 크기가 클 수밖에 없다.

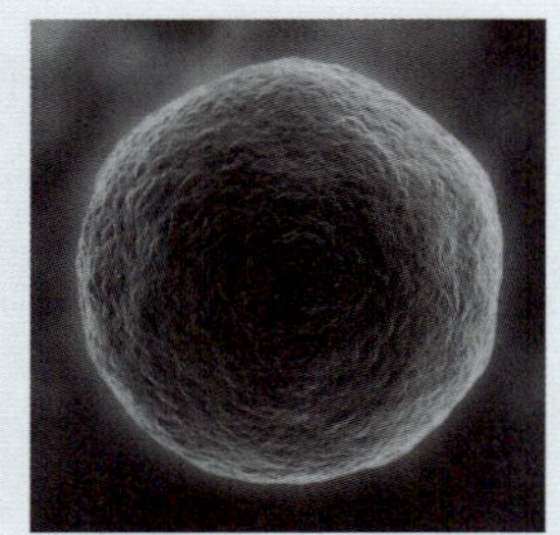

▲ 사람의 몸에서 가장 큰 세포, 난자.

## 고추 먹고 맴맴?

대부분의 사람들은 매운 음식을 먹고 입 안이 얼얼할 때 물을 찾는다. 시원한 찬물 한 사발 들이키면 매운 맛도 상큼하게 가실 것 같기 때문이다. 하지만 물을 마시면 생각만큼 상쾌하게 매운 맛이 사라지지 않는다. 왜냐하면, 맵다고 물을 들이키는 건 과학적으로 그다지 훌륭한 대처법이 아니기 때문이다.

고추의 매운 맛은 '캡사이신'이라는 물질 때문이다. 캡사이신은 고추씨에 특히 많이 들어 있으며 공기 중에 쉽게 날아가는 휘발성을 갖고 있다. 그래서 고추를 자르기만 해도 금세 매운 기운이 느껴진다. 매운 고추를 먹고 입 안이 얼얼할 때 물을 마셔도 매운 맛이 가시지 않는 것은 마치 물과 기름이 섞이지 않는 것과 같다. 물과 캡사이신은 특성이 반대이기 때문이다.

물은 극성 분자다. 수소와 산소 분자는 각각 극성을 띠지 않는 무극성이지만, 수소와 산소가 만나 물을 이룰 땐 산소와 수소 사이에서 전자를 끌어당기는 힘의 균형이 깨져 극성을 띠게 된다. 이처럼 물질을 이루는 분자에서 전자가 한쪽으로 치우쳐 일정한 극성이 생길 때, 이를 극성 분자라고 한다. 물이 극성인 것처럼 물에 녹는 물질은 극성 물질이다.

하지만 캡사이신은 물과 달리 무극성 분자다. 따라서 물에 녹지 않기 때문에 물을 마셔도 매운 맛이 쉽게 사라지지 않는다. 하지만 물에 섞이지 않는 지방은 무극성 물질이다. 물에 기름이 섞이지 않고 동동 뜨는 이유가 이 때문이다. 캡사이신도 지방과 같이 무극성이기 때문에 물에 녹지는 않지만 기름에 녹는 지용성이다. 따라서 고추를 먹고 입 안이 얼얼해졌을 때는 물 대신 기름과 같은 지용성 음식을 먹는 게 좋다.

그렇다면 식용유라도 마시라는 말인가? 물론 그럴 것까지는 없다. 우유나 마요네즈를 먹는 것만으로도 얼얼함을 덜 수 있다. 우유의 대부분은 극성 분자인 물이 차지하고 있지만 우유 속에 들어 있는 유지방은 무극성이다. 따라서 매울 때 우유를 마시면 이 유지방에 캡사이신 성분이 씻겨 나가 매운 맛을 덜어 준다. 또한 마요네즈는 식물성

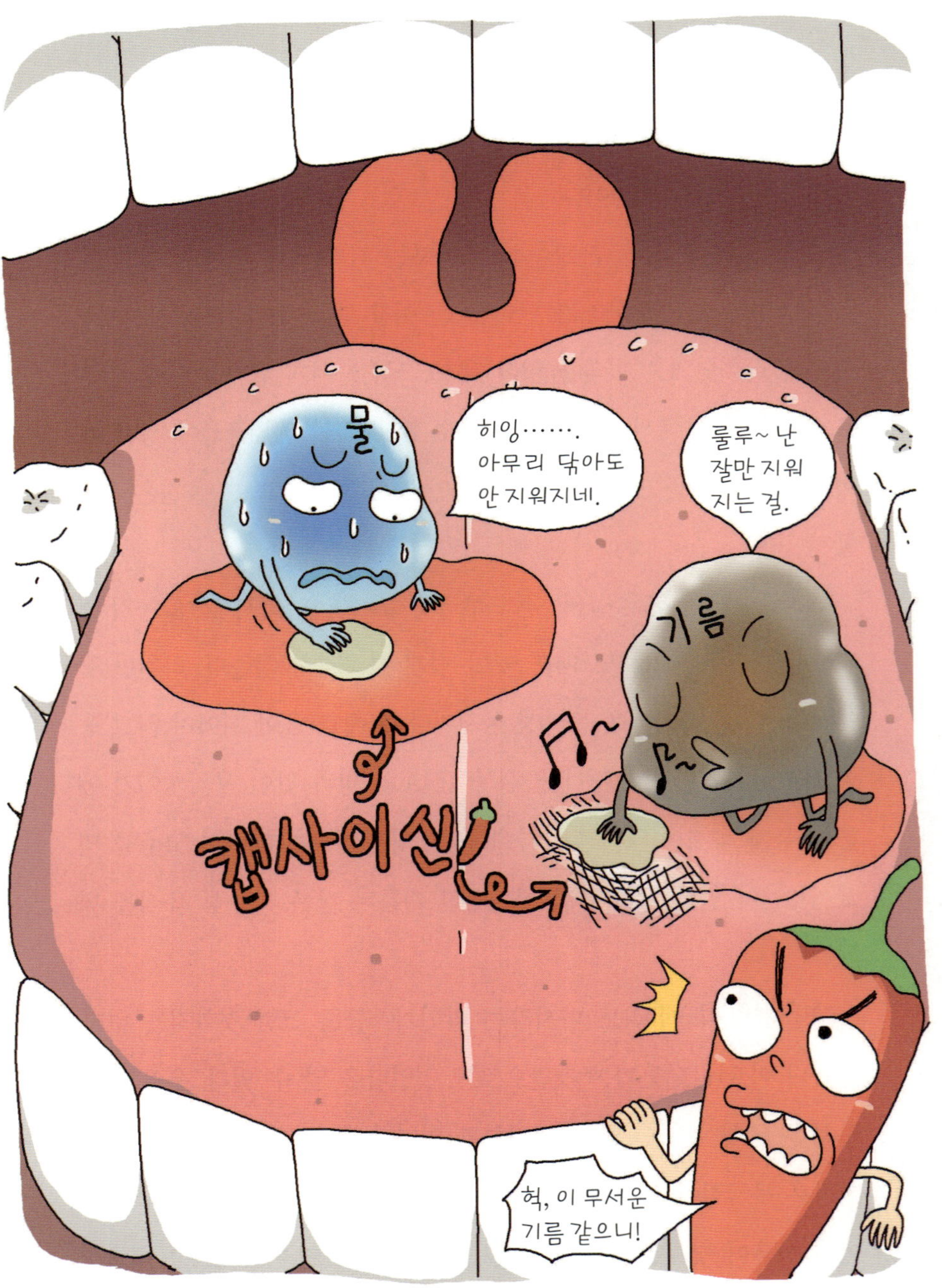
물
히잉…….
아무리 닦아도
안 지워지네.
룰루~ 난
잘만 지워
지는 걸.
기름
캡사이신
헉, 이 무서운
기름 같으니!

기름과 달걀의 노른자, 식초 등을 섞어 만든다. 역시 지방 성분이 들어 있어 캡사이신을 녹여 낼 수 있다.

캡사이신은 우리 몸의 신진대사를 촉진해 칼로리를 많이 쓰게 만들고 지방 분해를 도와주어 다이어트에도 도움이 된다고 알려져 있다. 그런데 다이어트를 목적으로 매운 음식을 먹은 사람은 입 안이 얼얼해도 지방 성분이 가득한 마요네즈를 먹는 일은 참아야 할 듯하다. 캡사이신으로 분해된 지방보다 마요네즈로 쌓이는 지방이 많을 수도 있기 때문이다.

## 산소 없이 숨 쉬어야 김치가 된다? 

"김치 맛이 왜 이래?"

맛있게 먹던 김치가 갑자기 맛이 너무 시어지고 물러졌다면 누군가 김치 통을 자주 여닫진 않았는지, 혹은 김치 통에서 김치를 꺼내 먹고 뚜껑을 제대로 닫지 않았는지 생각해 볼 일이다. 바로 그런 행동을 한 사람이 김치의 맛을 버리게 만든 장본인이기 때문!

김치 통의 뚜껑을 열어 놓는 일은 공기 중의 산소를 공급하는 일이고, 이건 바로 김치의 발효를 담당하는 미생물을 죽이는 살벌한 행동이다. 사람은 산소 없이 못 사는데 산소를 공급하면 미생물이 죽는다니, 대체 무슨 말일까? 김치를 맛있게 발효하는 미생물은 산소가 없는 환경에서 살아가는 '혐기성 미생물'이기 때문이다.

　사람과 마찬가지로 대부분의 생물은 산소가 있어야 하는 '호기성'으로, 산소를 호흡해 영양분을 분해하고 그 결과 움직이는 데 필요한 에너지를 얻는다. 이 과정에서 산소로 인한 독성 물질이 나오지만, 우리 몸은 독성 물질을 다시 안전한 물질로 바꾸는 해독 능력을 갖추고 있다. 하지만 혐기성 미생물은 산소 호흡 과정에서 나오는 독성 물질에 대한 보호 장치를 갖추지 못했다. 그 결과 산소는 혐기성 미생물에겐 독이다.

　김치를 담근 직후에는 소금기에 잘 견디는 미생물만 살아남고, 시간이 흘러 김치 통 안의 공기가 다 사라지면 이제 혐기성 미생물이 번식하기 시작한다. 발효 초기에는 '루코노스탁'이라는 미생물이 번식하여 유기산과 이산화탄소를 만들어 김치를 산성화시키기 시작하고,

## 근육통도 발효 탓?

갑자기 무리한 운동을 했을 때 찾아오는 근육통도 발효 때문이다. 우리 몸은 평소에는 산소를 통해 호흡해 활동에 필요한 에너지를 얻는다. 하지만 심하게 운동을 하게 되면 짧은 시간에 많은 에너지가 필요해지고, 그 결과 숨이 가빠지면서 더 많은 산소를 들이마시게 된다. 그런데 운동하는 동안 필요한 에너지를 호흡으로 들이마시는 산소가 감당하지 못할 경우 산소 없이 무산소 호흡을 통해 에너지를 만들어 내야 한다. 그 결과 우리 몸에서는 급한 대로 젖산 발효를 해서 적은 양이나마 필요한 에너지를 얻는다.

그런데 젖산 발효로 만들어지는 젖산이 근육에 쌓일 경우 통증을 일으킨다. 그래서 심한 운동을 하면 급하게 에너지를 만들면서 생겨난 젖산이 근육에 쌓여 몸이 이곳저곳 아픈 것이다. 젖산은 시간이 지나면 간으로 이동하고 그 결과 점차 통증도 사라지게 된다.

발효 중기 이후에는 젖산균이 번식하면서 김치의 맛을 먹기 좋게 숙성시킨다. 그래서 김치 발효를 '젖산 발효'라고 하며, 이렇게 발효된 김치는 산성을 띤다. 이렇게 산성이 된 김치는 pH4.0 정도의 산도에서 가장 맛있다고 알려져 있다.

그러니 혐기성 미생물이 한창 김치 맛을 살리는 유기산을 만들고 있을 때 자꾸 김치 뚜껑을 열게 되면 산소가 공급되어 제대로 젖산 발효가 일어날 수가 없다. 그리고 산소를 좋아하는 호기성 미생물이 번식해 김치가 쓴 맛이 날 수도 있다. 그래서 옛날부터 김칫독을 돌로 꾹꾹 눌러 입구를 막았으니, 과학적으로 미생물을 알 리 없던 조상들의 지혜는 다시 생각해도 놀랍다.

## 줄기를 먹느냐, 뿌리를 먹느냐?

가끔은 너무 많이 알아서 헷갈릴 때가 있다. 고등학교를 졸업할 때까지 시골에서 자란 나는, 감자와 고구마를 어떻게 심는지 자주 보곤 했다. 감자는 씨눈이 있는 작은 씨감자를 심고, 고구마는 줄기를 잘라 심어 키운다. 그래서 쉽게 감자는 뿌리가 영그는 거고, 고구마는 줄기가 영그는 거라고 생각하곤 했다. 그런데 웬걸. 정반대라는 사실!

감자는 땅속에 있는 줄기 마디에서 가는 줄기가 나와 그 끝이 커지면서 영그는 덩이줄기다. 식물에서 줄기는 식물을 지탱하고, 물과 양분을 이동시키는 역할을 할 뿐만 아니라 감자처럼 양분을 저장하는

▲ 덩이 모양은 비슷하게 생겼지만 전혀 다른 부위를 먹게 되는 감자와 고구마

역할도 한다. 줄기의 모양은 환경에 따라 달라지기도 하는데, 건조한 사막에서 살아남아야 하는 선인장은 물을 많이 갖고 있을 수 있는 굵은 줄기를 갖게 되었고, 석류나무는 초식동물들이 먹지 못하도록 하기 위해 가시 달린 줄기를 갖게 되었다.

한편 고구마는 뿌리가 커져 생긴 덩이뿌리다. 고구마의 줄기를 심으면 길게 땅을 타고 자라면서 땅속으로 뿌리를 내리는데, 그 일부가 커져 고구마가 되는 것이다. 이어지는 줄기를 따라 뿌리가 영글어 고구마가 된 것이기 때문에 고구마를 캘 때는 고구마 줄기를 주욱 잡아당기면 줄줄이 고구마가 딸려 나오는 진풍경을 볼 수 있다.

식물에서 뿌리는 식물이 땅에서 설 수 있게 해 주고, 삼투현상으로 물과 양분을 흡수하며, 흙 속 산소를 이용해 호흡하는 역할을 한다. 그리고 잎에서 광합성을 통해 만든 양분을 녹말의 형태로 저장하는 저장소이기도 하다.

과거 먹을 것이 부족하던 시절에 구황 작물로 손꼽히던 감자와 고

구마가 이렇듯 비슷하면서도 다르다는 것은 식물 분류에서도 잘 나타
난다. 둘 다 쌍떡잎식물 통화나물목이지만 감자는 가지과, 고구마는
메꽃과다. 그야말로 감자와 고구마는 '과'가 다르다.


## 열매에도 허참이 있다?

"몇 대~ 몇?!"

한 방송사의 장수 프로그램이었던 〈가족 오락관〉의 진행자 허참
씨. 허참 씨는 능숙한 진행과 유머 넘치는 입담으로 25년 가까이 시
청자들에게 많은 사랑을 받았다. 그런데 연예계 말고 열매계에도 허참
이 있다니 무슨 말일까.

열매계의 허참을 만나려면 우선 꽃을 알아야 한다. 식물의 꽃은 암
술, 수술, 꽃잎, 꽃받침, 꽃자루로 이루어져 있고, 암술 아래쪽에는 씨
방이 있고, 그 안에 밑씨가 들어 있다. 식물에서 꽃은 생식기관으로,
씨를 만들어 번식을 하는 것이 목적이다. 식물의 꽃에서 암술과 수술
이 만나 수정이 이뤄지면 밑씨가 들어 있던 씨방이 자라게 되는데, 그
결과 씨방은 열매가 되고, 씨방 안에 들어 있던 밑씨는 씨가 된다.

이렇게 씨방이 자라 열매가 된 것을 '참열매'라
고 하는데 복숭아, 호박, 감, 귤, 포도 등이 참열매
다. 그런데 씨방이 아니라 씨방 이외의 꽃자루, 꽃
받침 등이 자라 열매가 되는 경우가 있다. 이것을 참열매가 아니라는

:: **참열매** 복숭아, 오이, 호박,
수박, 가지, 토마토, 밤, 감 등.
:: **헛열매** 사과, 배, 석류, 딸기 등.

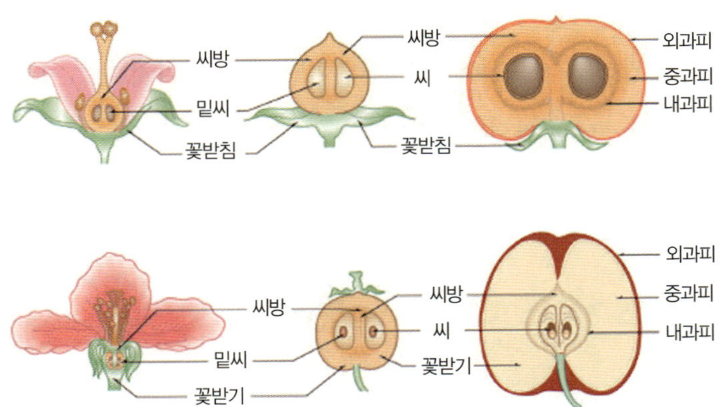


▲ 참열매(감-위)와 헛열매(사과-아래)

뜻으로 '헛열매'라고 한다. 딸기, 파인애플, 사과, 배 등이 헛열매다. 딸기는 꽃받침이 열매로 자란 경우이고, 파인애플이나 무화과는 꽃자루가 자란 경우다. 또 사과나 배는 꽃자루와 꽃받침이 함께 자란 것이다. 딸기의 경우 꽃받침이 자라 과육이 되었기 때문에 겉에 씨앗이 박혀 있게 되었다.

연예계 허참이 온 가족을 즐겁게 했듯이, 열매계의 '허참'도 온 가족을 즐겁게 할 수 있다. 지금, 가족끼리 냉장고 안에 있는 열매를 헛열매, 참열매로 구분해 보는 거다. 열매의 종류도 배우고, 맛있는 과일도 먹고!

"우리 집에 있는 헛열매와 참열매는 과연 몇 대~ 몇?"

　지금이야 버터를 쉽게 구할 수 있었지만 내가 어렸을 때만 해도 버터는 굉장히 고급스러운 가공식품이었다. 그래서 버터 대신 흔히 마가린으로 밥도 비벼 먹고, 토스트도 구워 먹곤 했다. 그런데 최근 몇 년 전부터 마가린이 홀대를 받고 있다. 바로 트랜스 지방의 대표 주자란 이유 때문이다.

　트랜스 지방은 원래 액체인 식물성 기름에 수소를 넣어 딱딱한 고체로 만드는 과정에서 만들어진다. 액체인 식물성 기름은 공기와 반응해 냄새와 맛이 떨어지는 ‘산패’가 잘 일어나 여러 번 사용하기 어려운 데다 음식을 튀겼을 때 씹는 맛이 떨어지는 단점이 있다. 그런데 식물성 기름에 수소를 넣어 딱딱한 형태로 만들면 여러 번 쓸 수 있는 데다 씹는 느낌을 살려 음식의 맛을 돋구어 준다. 게다가 도넛이나 빵의 모양이 부서지지 않게 해 주는 역할도 한다. 예쁜 모양과 바삭함, 풍부한 맛으로 고객을 사로잡아야 하는 제과업체들에겐 그야말로 안성맞춤인 성분이었다.

　그런데 이렇게 유용했던 트랜스 지방이 웰빙 열풍을 타고 위기를 맞게 된다. 트랜스 지방을 많이 먹게 되면 비만이 되기 쉬운 데다, 콜레스테롤 수치가 올라가 심장병이나 고혈압, 당뇨병을 일으키는 등 건강에 해를 끼치게 된다는 사실이 알려지기 시작한 것이다.

　트랜스 지방은 액체인 식용유를 오래 가열할 때도 만들어진다. 패스트푸드점에서 감자를 튀길 때 식용유를 쓴다 하더라도 식용유를

▲ 과자, 통조림, 빵 등의 식품 포장에서 볼 수 있는 영양 성분 표시

자주 갈아 줘야 하는 이유가 바로 이 때문이다. 튀길 때 기름의 온도가 높을수록, 오래 튀길수록 트랜스 지방이 많이 만들어진다.

당장 트랜스 지방을 쓰는 과자, 도넛, 패스트푸드 등이 도마 위에 오르면서 업체들은 앞다투어 트랜스 지방을 쓰지 않는 제품을 만든다고 광고하기 시작했다. 과자와 같은 식품에 표기하게 되어 있는 영양 성분 표시 안에 트랜스 지방을 표기하는 제품도 많아졌다. 포장 제품은 물론 햄버거나 피자 같은 패스트푸드점이나 패밀리레스토랑에서도 영양 성분 표시를 볼 수 있다.

하지만 영양 성분 표시 자체가 보기 어렵게 복잡한 데다, 패스트푸드 점이 영양 표시를 했다 하더라도 너무 작은 글씨로 되어 있어 제대로 파악하기 어렵다는 게 문제다. 트랜스 지방은 여전히 맛과 건강 사이에서 숨바꼭질을 하고 있는 셈이다.

# 어버이날 선물이 상한 통조림 독이라니! 

"여보, 어버이날 선물로 어머님께 식중독균 좀 놔 드려야겠어요."

착한 며느리가 보일러 놓아 준다는 소린 들어봤어도 식중독균을 놔 드린다니? 이 무슨 괘씸한 일인가 싶지만, 그 식중독균이 보톡스라면 착한 며느리임에 틀림없다.

여름철이 다가오면 식중독 예방에 비상이 걸린다. 식중독은 독소를 내뿜는 세균에 감염되어 걸리는 것으로, 특히 음식물을 조심해야 한다. 그런데 식중독균이 오히려 우리 생활에 도움을 주는 경우가 있으니, 그게 바로 보톡스다.

보톡스는 최근 주름살 제거에 많이 쓰이고 있지만, 알고 보면 식중독균이 내는 독소의 하나다. 19세기 독일에서는 식중독으로 수백 명의 군인이 숨지는 일이 일어났는데, 이때 케르너(1786~1862)라는 의사가 식중독의 원인이 상한 소시지나 고기, 통조림에서 나온 보툴리누스균의 균체에서 발생되는 독소 때문이란 걸 알아냈다. 이 균은 원래 땅속에 살고 있는 균으로, 썩은 고기나 상한 통조림에서 특히 잘 번식한다. 통조림을 만들 때 실수로 공기가 들어가 부패가 일어나면 이 균이 번식하기 쉽다. 그 결과 상한 통조림을 먹게 되면 보톡스가 근육과 운동 신경이 만나는 곳에서 신경 전달 물질을 방해해 근육이 마비된다.

보톡스는 강한 독이지만, 적은 양을 사용할 경우 인체에 해를 끼치지 않고 부분적인 마비를 일으킨다는 것이 1980년대에 밝혀지면서

보톡스
날 조심하는 게 좋을 거야.
수많은 생명을 앗아가기
까지 한 위험한 독이라고!
크헉! 저 위험한 독을 내
얼굴에 집어넣는다고요?
소량만 넣으면
괜찮답니다~.

이후로 근육 질환 치료에 이용되기
시작했다. 그리고 1990년대부터는
주름살 제거에 이용되고 있다. 이
마와 눈, 미간 등에 보톡스 주사를
놓으면 피부에 아세틸콜린이 분비
되는 것을 막아 일정 기간 동안 주
름이 펴지는 효과를 얻을 수 있다.

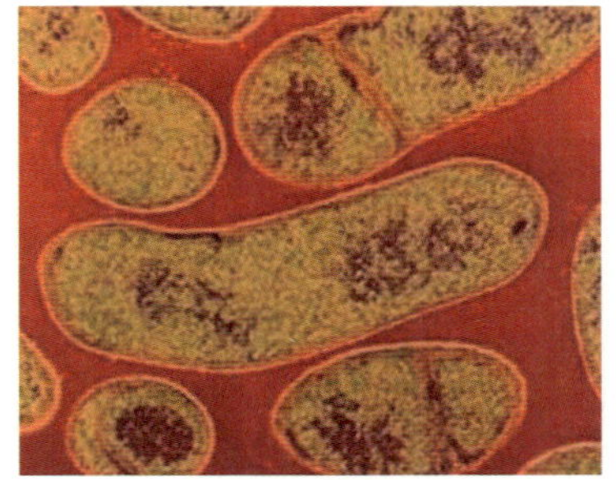

▲ 보툴리누스균의 전자현미경 사진

아세틸콜린이 분비되면 근육이 수축하면서 주름이 생기는데, 보톡스
가 이를 막아 주는 것이다. 일시적으로 얼굴 근육의 마비를 일으키는
셈으로, 시간이 지나면 효과가 떨어지게 된다. 그래서 보톡스로 효도
를 하려 한다면 계속 반복해서 독을 놓아 드려야 한다는 사실을 기억
해야 한다.


## 차가우면 더 달다?

　여름엔 뭐니뭐니해도 냉장고에 넣어 시원하게 해 놓은 과일이 제격.
금방 사 왔을 때보다 냉장고에 넣고 시원하게 먹으면 왠지 더 달게 느
껴지기까지 한다. 시원하게 했더니, 더 달다는 느낌은 그저 느낌일 뿐
일까?

　과일 속에 들어 있는 단맛은 과당이다. 단맛을 내는 기본 물질은
'단당류'로, 포도당, 과당, 갈락토오스가 단당류이다. 단당류 2개로 이

뤄진 것은 '이당류'로, 우유 속 유당이나 설탕, 맥아당 등이 있다. 그리고 여러 개의 단당류로 이뤄진 '다당류'에는 올리고당이 있다.

냉장고에 넣어 두었던 차가운 과일이 더 달게 느껴지는 것은 실제로 과일 속에 들어 있는 당 성분이 온도에 따라 달라졌기 때문이다. 과일 속에 들어 있는 과당은 알파형과 베타형이라는 2가지 형태를 하고 있다. 베타형이 알파형보다 3배 정도 더 단맛을 내는데, 온도가 내려가면 알파형이 베타형으로 바뀌게 된다. 그 결과 시원하면서도 더 단 과일을 먹을 수 있는 것이다.

과일 속에 들어 있는 과당은 우리가 흔히 단맛 하면 떠올리는 설탕보다 더 달다. 하지만 단맛이 오래가지는 않는다. 그래서인지 우리는 흔히 설탕이 과일보다 훨씬 더 달다고 느끼곤 한다.

여기에 단맛에 관한 상식 하나 더. 여자는 남자보다 쓴맛에 민감하고 남자는 단맛에 민감하다. 과학자들은 이것이 종족 보존을 위한 진화의 과정이라고 추측하고 있다. 쓴맛은 독성을 상징하기 때문에 임신 중 태아를 보호하기 위해 여자가 쓴맛에 더 민감하게 진화했다는

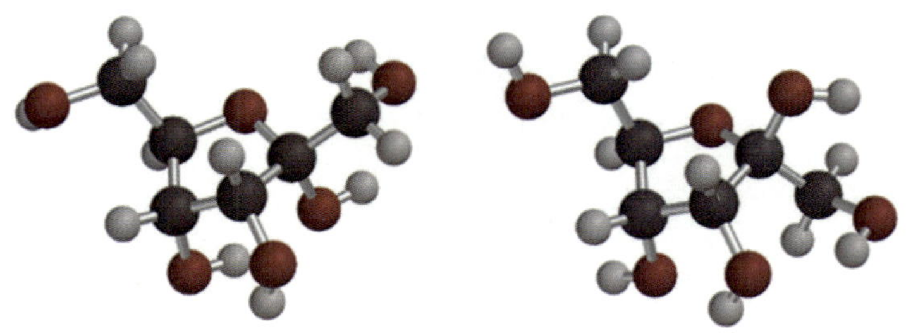

▲ 알파형 과당(왼쪽)과 베타형 과당(오른쪽)

 생물에 둘러싸인 하루

것이다. 그러니 이러한 점만 기준으로 삼는다면 앞으로 과일은 아빠가 고르는 것이 더 효율적이다.

## 차가우면 아프다? 

텔레비전에서 연예인들이 벌칙으로 얼음판 위에 올라가 고통스러워하는 모습이 나올 때가 있다. 아무리 무더운 여름이라도 꽁꽁 언 얼음 위에 서 있는 것은 그다지 부러워 보이지 않는다. 그러고 보니 냉장고에서 얼음을 꺼내 입에 가득 물고 있다 보면 입 안도 얼얼해지면서 아팠던 경험이 있을 것이다. 원래 얼음은 시원한 것 아닌가? 왜 너무 차가운 얼음은 시원하기보다 아프게 느껴지는 걸까?

우리 몸의 피부에는 여러 가지 감각점이 분포되어 있다. 따뜻함을 느끼는 온점, 차가움을 느끼는 냉점, 아픔을 느끼는 통점, 접촉이나 누름을 느끼는 압점이 피부의 진피에 들어 있다. 온점, 냉점, 압점은 단순히 뇌에 정보를 전달하기 때문에 촉각으로 분류하지만, 통점은 피부에서 전해진 자극으로 몸이 반응을 일으키기 때문에 통각으로 따로 분류한다. 이 감각점들이 피부에 전해지는 감각에 활성화되어 감각 정보를 뇌에 전달하면, 우리는 따뜻하거나 차갑다는 등의 감각을 느끼게 된다.

감각점 가운데 우리 몸에 가장 많이 분포되어 있는 것은 통점이다. 촉각점은 1제곱센티미터 당 25개인 데 비해 통점은 200개나 된다. 그

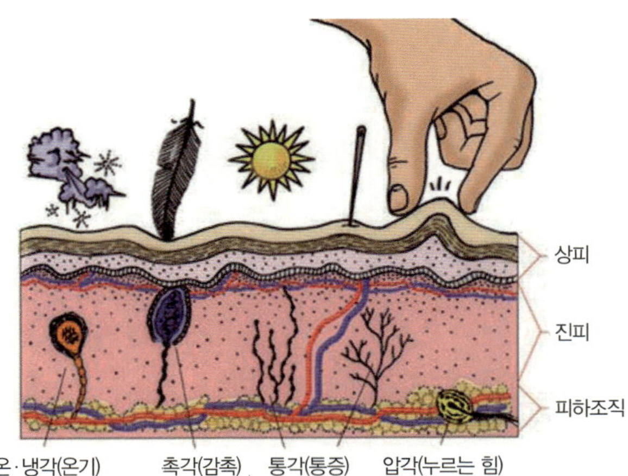



▲피부의 감각기관

래서 너무 차갑고 뜨거운 게 피부에 닿게 되면 촉각이 느끼는 정도가 심해져 결국 주변에 있는 통점이 자극을 느끼게 된다. 그 결과 아프게 느껴지는 것이다.

그런데 통점은 촉각점보다 그 수는 많지만 속도는 느리다. 통각을 전달하는 신경의 굵기가 촉각을 전달하는 신경의 100분의 1 정도로 가늘기 때문에 느리게 전달된다. 실제로 통각은 초속 50~300센티미터로 뇌에 전달되고, 촉각은 초속 20~70센티미터의 속도로 전달된다. 이러한 이유 때문에 어떤 물건이 닿는 게 느껴진 다음에 통증을 느끼게 되는 것이다.

한편 우리가 상처를 입었을 때 아픔을 느끼는 건, 상처 부위에 칼륨이온, 세로토닌, 히스타민 등의 통증 발생 물질이 생겼기 때문이다. 이 물질들이 상처 부위의 통각 신경을 자극해 뇌로 정보를 전달하게 하고, 결국 상처가 난 자리가 아프다는 걸 느끼게 되는 것이다.


## 

한밤중에 목이 말라 냉장고 문을 열어 보니 한 귀퉁이에 고등어가 놓여 있다면? 분명 냉장고 문을 열면서 이미 비릿한 생선 냄새를 맡았을 가능성이 크다. 생선의 비린내는 고양이에겐 참기 힘든 유혹이지만, 사람에겐 그다지 반갑지 않은 냄새다.

그런데 왜, 생선에선 이런 비린내가 나는 걸까? 비린내는 한마디로 물고기가 부패하기 시작하면서 나는 냄새라고 할 수 있다. 살아 있는 물고기의 근육 속에는 '산화트리메틸아민'이라는 물질이 들어 있다. 그런데 물고기가 물 밖으로 나오면 이 산화트리메틸아민이 분해되면서 트리메틸아민과 같은 질소 화합물로 변한다. 바로 이 트리메틸아민이 비린내를 내는 성분으로, 공기 중으로 잘 날아가는 휘발성을 갖고 있다. 그래서 생선을 호시탐탐 노리는 고양이는 멀리서도 생선 냄새를 맡을 수 있고, 냉장고 문을 열자마자 제일 먼저 나는 것이 생선 비린내이다.

이런 원리로 물에서 뭍으로 잡아 올린 생선에서 비린내가 나는 것은 당연지사. 하지만 생선 요리를 할 때는 비린내를 깔끔하게 없애느냐가 중요한 맛 평가의 기준이 된다. 생선의 비린내를 없앨 때는 흔히 레몬 즙을 이용한다. 시큼한 레몬은 산성으로, 염기성인 트리메틸아민

레몬 가가

휴~ 레몬의 시큼한 냄새 때문에 중화가 돼서 겨우 살았다.

이상하다……. 방금 전까지 이쯤에서 생선 비린내가 강하게 풍겼는데.

과 만나 중화 반응을 일으켜 냄새나는 물질을 냄새가 나지 않는 다른 물질로 바꿔 버린다. 그 결과 비린내가 줄어든다. 산성과 염기성이라는 극과 극이 만나 중성이라는 조화로운 결과를 얻는, 과학의 오묘한 미덕이라고나 할까.

"살기 위해 먹는가? 먹기 위해 사는가?"

이런 생각이 들 정도로 사람에게 먹는 일은 하나의 큰 기쁨이다. 먹지 않으면 생명 활동을 할 수 없기 때문에 먹는 것은 필수지만, 음식을 먹을 때 느끼는 황홀한 맛의 세계는 그야말로 먹는 즐거움을 느끼게 해 준다.

먹는 즐거움을 느끼게 해 주는 것은 바로 입 안의 혀다. 혀가 없다면 산해진미도 말 그대로 그림의 떡일 수밖에 없다. 맛을 느끼는 과정을 살펴보면, 우선 입 안으로 음식을 넣고 이로 잘게 부순다. 이때 침샘에서 침이 나와 음식을 흐물거리는 상태로 녹이면 비로소 혀에 우둘두둘하게 솟아 있는 혀유두와 만난다. 혀유두의 옆에는 보통 3개의 맛봉오리가 있는데, 이 맛봉오리에 맛을 느낄 수 있는 미각세포가 50~100개 정도 모여 있다. 이 미각세포에서 음식의 맛을 짠맛, 단맛, 신맛, 쓴맛, 감칠맛으로 구분해 그 정보를 뇌로 전달한다. 그러면 뇌는 비로소 음식의 맛을 판정하게 된다.

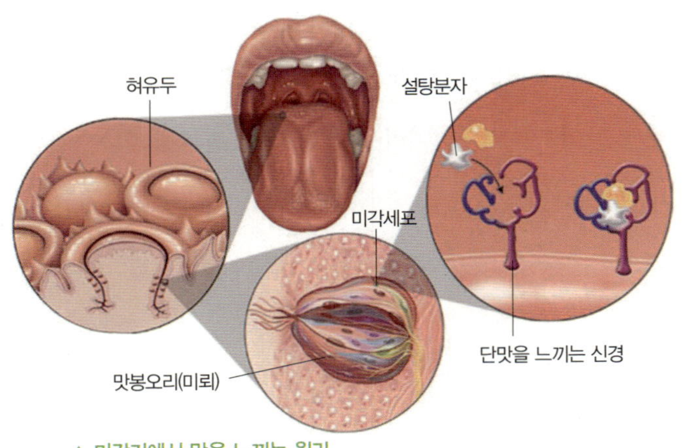



▲ 미각기에서 맛을 느끼는 원리

짠맛, 단맛, 신맛, 쓴맛, 감칠맛이라고 하니 학교에서 배운 미각분포도가 떠오른다고? 흔히 단맛은 앞쪽에서, 신맛은 양 옆에서, 쓴맛은 가장 안쪽에서, 그리고 짠맛은 혀의 전체에서 느낄 수 있다고 배웠고 지금도 그렇게 쓰여진 책이 많다. 하지만 사실은 그렇지 않다. 맛봉오리가 있다면 혀의 어느 곳에서든지 다섯 가지 맛을 느낄 수 있다. 왜냐하면 하나의 맛봉오리 안에 단맛, 쓴맛, 신맛, 짠맛, 감칠맛을 느끼는 세포가 모두 들어 있기 때문이다. 다만, 혀의 위치에 따라 각각 맛을 느끼는 세포의 수가 조금씩 다르다. 하지만 학교에서 배웠듯이 그렇게 극단적으로 맛을 구분해서 느끼는 것은 아니다.

이것은 실제 쓴맛이 나는 약을 단맛을 느낀다는 혀의 앞쪽에 올려놓고 맛을 보아도 쉽게 알 수 있다. 여전히 쓴맛을 느끼게 될 것이기 때문이다. 만약, 전혀 쓰지 않다면? 그땐 혀에 이상이 있을 수도 있으니 의사와 상담하는 것이 좋겠다.

# 눈 뜨고도 못 본다?

알록달록해서 골라먹는 재미가 쏠쏠한 초코볼은 아이들에게 인기가 높다. 그런데 초코볼에서 색깔을 고르다 보면 재밌는 걸 경험하게 된다. 초코볼의 색깔이 몇 가지 되지 않을 때는 원하는 색

▲ 알록달록한 초코볼. 특정한 색을 골라 보자.

을 고르는 일이 쉬운 데 비해 초코볼의 색이 여러 가지 잔뜩 섞여 있을 때는 맘처럼 쉽게 골라지지 않는다. 대체 왜 그럴까.

마술사가 쇼를 하는 장면을 떠올려 보자. 생각해 보면 초라한 무대에서 공연을 하는 마술사를 본 적이 없을 것이다. 모든 마술사는 반짝이는 화려한 무대에서 늘씬한 미녀 도우미들과 함께 쇼를 진행한다. 그 이유는 관객들의 '주의'를 빼앗기 위해서다. 사람이 어떤 자극을 받아 뇌에서 그걸 알아차릴 때는 이 '주의'가 중요하게 작용한다. 사람이 받아들이는 자극은 색깔, 운동, 깊이 등 여러 가지인데 이런 자극의 강도가 똑같을 때는 뇌에서 주의를 둔 자극을 더 잘 알아차리는 것이다. 상대적으로 주의를 두지 않은 자극은 보고도 못 보게 되는 것! 이때 정지된 자극보다는 움직이는 자극이, 천천히 변하는 자극보다는 갑자기 변하는 자극이 주의를 쉽게 끈다.

결국 마술은 관객들의 주의를 다른 데로 돌린 사이 재빠른 손놀림이나 특수 장치를 이용해 비둘기를 만들었다 없애기도 하고 사람 몸

을 공중에 띄우기도 하는 것이다.

초코볼을 고르는 경우도 마찬가지다. 초록 초코볼 사이에 빨간 초코볼이 하나 섞여 있을 때에 비해 빨강, 파랑, 노랑, 초록 등 알록달록하게 섞여 있을 때 주의를 빼앗기기 쉽다. 주의를 빼앗긴 결과 여러 가지 색깔 중에 특정한 색깔을 찾아내기가 어려운 것이다.

## 냄새는 열쇠와 자물쇠처럼?

"흠~ 맛있는 김치찌개 냄새!"

식탁에 가기 전부터 식욕을 자극하는 냄새. 맛있는 냄새부터 상한 냄새까지 우리 코는 쉴 새 없이 냄새를 맡느라 분주하다. 그런데 우리 코는 어떤 과정을 통해 냄새를 맡는 걸까? 그 과정은 냄새 분자들로부터 시작된다.

음식이나 꽃 등에서 공기 중으로 뿜어진 냄새 분자는 우리가 숨을 쉴 때 코로 들어가 코 윗부분에 있는 후각 상피 세포로 간다. 후각 상피 세포에는 후각 수용체가 있는데, 바로 이곳에 냄새 분자가 결합하게 된다. 그러면 냄새 분자에 따른 신경 신호가 후각구로 전해지고 이것이 뇌로 전달되어 냄새를 판단하게 된다. 그래서 냄새 분자는 대부분 공기 중을 날아가는 휘발성의 특징을 갖고 있어야 하기 때문에 알코올 성분인 경우가 많다.

그런데 여기서 드는 궁금증 하나. 우리는 어떻게 그 많은 종류의 냄

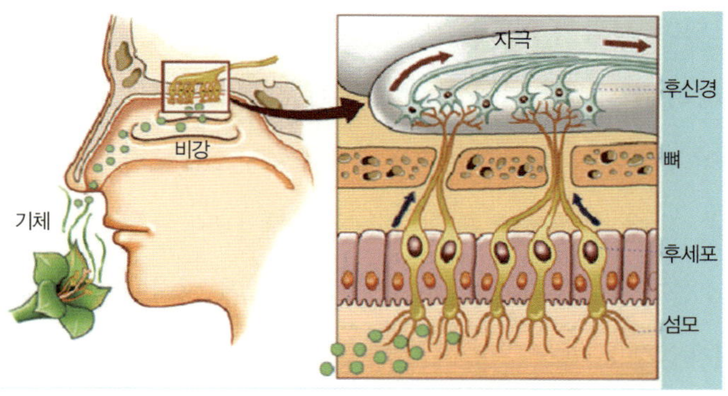


▲ 후각기

새를 구별할 수 있는 걸까? 그 답은 자물쇠와 열쇠에 있다. 즉 냄새 분자는 그 종류에 따라 화학 구조가 다른데, 그 구조에 따른 후각 수용체의 모양이 각각 다르다는 것. 그래서 냄새 분자와 후각 수용체는 마치 자물쇠와 열쇠처럼 각각에 맞는 짝끼리 결합하고, 그 결과 냄새 정보가 전달되는 것이다.

사실 냄새를 어떻게 구별해서 맡는지는 과학자들에게 오랫동안 숙제였다. 그런데 미국 컬럼비아대학교의 리처드 액설(1946~) 교수와 프레드 허치슨 암연구센터의 린다 벅(1947~) 연구원이 후각 수용체를 만드는 1,000여 개의 후각 유전자를 발견하면서 하나의 유전자 당 하나의 후각 수용체를 만들 수 있고, 하나의 후각 수용체는 몇 가지 냄새 분자를 담당하고 있다는 것이 밝혀졌다. 자물쇠와 열쇠 이론이 입증된 것이다. 이 공로로 둘은 2004년 노벨생리의학상을 수상하기도 했다.

그러나 냄새를 어떻게 맡게 되는지에 대해서는 여전히 많은 궁금증

이 남아 있다. 사람이 어떻게 1만 가지나 되는 냄새를 구별하는지, 또 사람에 따라 후각 유전자가 후각 수용체를 만드는 정도는 어떻게 다른지 등이 밝혀지지 않은 것이다. 게다가 지난 2008년 3월 초, 린다 벅 박사는 냄새 수용체와 후각 구조에 대해 「네이처」에 실었던 보고서를 취소한다고 밝혔다. 실험을 재연할 수 없어 신뢰할 수 없다는 것이 그 이유였다. 노벨상을 받은 연구 자체가 논란거리가 된 것은 아니었지만, 결국 냄새를 맡는 과정에 대한 같은 맥락의 연구이기 때문에 냄새를 맡는 과정에 대해서는 의문점이 더욱 커진 셈이다.

과연, 우리는 어떻게 냄새를 맡고 구별하는 걸까?

## 코를 막으면 맛을 못 느낀다? 

한창 콜라업체끼리 경쟁이 심했던 시절, 눈을 가리고 더 맛있는 콜라를 구별하는 장면을 이용한 텔레비전 광고가 있었다. 이른바 '블라인드 테스트'. 상표에 대한 선입견 없이 오직 맛으로만 승부했을 때 더 자신 있다는 광고였다.

그런데 만약, 눈을 가리는 게 아니라 코를 막고 맛을 봤다면 테스트 결과는 어땠을까? 짐작하건대 분명 두 콜라가 모두 맛이 이상하다는 결과가 나왔을 것이다. 좀 더 확실한 실험은 코 막고 양파 먹기. 코를 막고 양파를 먹는다면 어떤 맛일까? 놀랍게도 코를 막고 양파를 먹으면 이게 사과인지 양파인지 도통 알 수 없게 된다. 코를 막은 채

왜 눈과 코를 막고 사과를 먹어 보라는 거야?
풉! 역시 양파와 사과를 구별하지 못하는구나.
5년 전
크흑……. 나는 이 사과 냄새만 맡으면 안 좋은 기억이 떠올라. 기분 나빠…….

양파와 사과를 먹으면 그 둘을 구별하기 쉽지 않을 정도로 맛이 비슷하기 때문이다.

왜 이런 걸까? 이건 후각이 미각과 밀접하게 연결되어 있기 때문이다. 후각은 식욕이나 소화 등에도 민감하게 영향을 주는데, 음식 맛의 3분의 2 이상을 후각이 담당한다고 알려져 있다. 감기에 걸렸을 때 입맛이 없거나 맛을 잘 모르는 것도 결국 후각 때문이다. 감기에 걸리면 코의 점막에 콧물이 흐르는데, 이 때문에 냄새가 후각 상피 세포에 달라붙기 어려워 결국 냄새를 구별하지 못하게 된다.

우여곡절 끝에 후각 상피 세포를 거쳐 뇌로 냄새 정보가 전해졌다 해도 그 정보가 정확한지는 의심해 봐야 한다. 한 예로, 향긋한 재스민 향과 똥 냄새는 종이 한 장 차이이기 때문이다. '인돌'이란 성분은 불쾌한 똥 냄새를 풍기지만 이것을 0.001퍼센트로 아주 옅게 희석한 알코올 용액은 향긋한 재스민 향이 난다. 또 '티올'이란 성분이 섞이면 낮은 온도에서는 향긋한 파인애플 향이 나지만, 농도가 진해지면 역겨운 유황 냄새가 된다.

게다가 냄새는 기억에 많은 영향을 받는다. 냄새 정보가 처리되는 곳은 뇌 가운데에 있는 대뇌변연계인데, 이곳은 감정을 조절하는 곳이다. 그래서 냄새를 맡으면 그 냄새에 관련된 기억이 되살아나기 쉽다. 그 결과 같은 장미 향이라도 어떤 사람은 행복한 추억이, 또 어떤 사람은 슬픈 이별이 떠올라 장미 향이 주는 느낌은 서로 달라지게 된다.

# 밥 먹으면 꼭 졸린 이유는? 

　고등학교나 대학교 시절, 그리고 직장 생활을 하면서 알게 된 공통의 법칙은 어떤 수업이나 교육이든 간에 점심시간 이후 수업은 가르치는 사람이나 학생 모두를 괴롭게 한다는 것이다. 식후의 수업은 그야말로 수면제가 따로 없을 만큼 졸리기 때문이다. 왜 이렇게 밥만 먹으면 졸린 걸까?

　밥을 먹으면 음식물이 잘게 부서져 위로 들어가 소화의 과정이 시작된다. 입에서는 음식물을 잘게 부수면서 동시에 침에 있는 아밀라아제가 나와 녹말을 엿당으로 분해한다. 음식물이 식도를 타고 위로 들어가면 펩신이라는 효소가 단백질을 분해하기 시작하고, 이어지는 십이지장에서는 이자액과 쓸개즙이 나와서 탄수화물, 단백질, 지방을 분해한다. 그리고 소장에서 영양소를 흡수하고 대장에서 수분을 흡수하면서 남은 찌꺼기가 배설된다.

　이렇듯 밥을 먹게 되면 위와 장은 부지런히 움직여 소화를 해야 하기 때문에 평소보다 바빠진다. 그 결과 평소보다 더 많은 혈액을 필요로 하게 되고, 따라서 다른 곳으로 가던 혈액 중 일부를 위와 장으로 끌어다 쓰게 된다. 이 때문에 뇌로 가던 혈액 중 일부도 위와 장으로 가게 된다. 평소보다 뇌로 들어오는 혈액의 양이 줄어든 결과가 되어 뇌는 혈액 속에 있던 산소와 영양분을 충분히 공급받지 못하게 된다. 그 결과 뇌의 활동이 둔해지면서 졸리게 된다.

　뇌가 둔해져 졸리다고 해서 매번 오후 수업을 망칠 수는 없는 일.

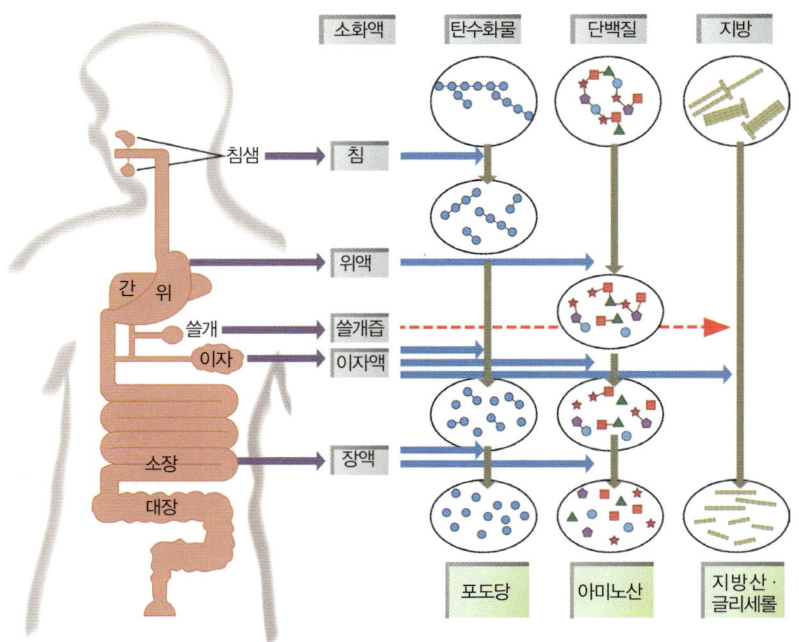


▲ 음식물의 소화

어떻게 하면 졸음을 쫓을 수 있을까. 가장 간단하면서도 확실한 방법은 몸을 움직이는 것이다. 졸음은 뇌로 가는 혈액량이 줄어들어 생긴 것이기 때문에 반대로 뇌로 가는 혈액량을 늘리면 된다. 몸을 움직이면 심장박동 수가 증가하고, 그 결과 심장에서 내뿜는 혈액량도 많아져 뇌로 가는 양도 늘어난다. 커피와 같은 카페인이 들어 있는 음료를 마시는 것도 같은 원리다. 카페인이 혈액 순환을 빠르게 해 둔해진 뇌를 깨우기 때문이다.

"어, 시원~하다. 속이 확 풀리네."

술 먹은 다음 날 어머니께서 끓여 주시는 콩나물 국에 아버지는 늘 입버릇처럼 이렇게 말씀하곤 하셨다. 어른이 되어 술 마신 다음 날의 괴로움을 몸소 겪어 본 사람이라면 누구나 술 마신 다음 날 먹는 콩나물

▲ 콩나물 국은 잔뿌리를 떼어내지 않고 끓여야 숙취 해소에 좋다.

국의 진정한 의미를 알게 되었을 것이다. 게다가 어머니께서 알뜰하시면서도 동시에 얼마나 과학적이셨는지도 말이다!

텔레비전을 보거나 식당에 가보면 가지런히 뿌리를 떼고 국을 끓이거나 무침을 하는 경우가 많다. 하지만 콩나물 국을 끓일 때 뿌리를 잘 떼어 내지 않은 어머니라면 과학적이라고 할 수 있다. 결과적으로 아버지의 숙취에 지대한 기여를 한 셈이기 때문이다. 콩나물 뿌리야말로 숙취 해소에 결정적 부위인 것이다.

콩나물에는 숙취 해소에 좋은 '아스파라긴산'이 들어 있다. 아미노산의 하나인 아스파라긴산은 간에서 알코올 분해 효소를 만드는 일을 돕는 역할을 한다. 우리가 마시는 술은 알코올이며, 우리 몸에 들어온 알코올은 간의 작용으로 아세트알데하이드로 분해된다. 그리고 아세트알데하이드는 다시 분해되어 아세트산이 된다. 알코올 분해 과정에서 생기는 아세트알데하이드가 바로 숙취의 원인 물질. 아스

파라긴산은 아세트알데하이드의 독성을 줄여 주어 숙취 해소를 돕는다.

콩나물에서 아스파라긴산은 콩나물 뿌리에 전체의 87퍼센트가 들어 있다. 그래서 숙취 해소 음료들도 콩나물 뿌리를 원료로 만든다. 그러니 그저 모양을 내기 위해 콩나물 뿌리를 잘라 내는 것은 그야말로 단팥빵에서 단팥을 빼내는 격이다. 조금 거칠어 보여도 뿌리째 끓인 콩나물 국이야말로 진정한 숙취 해소 음식이라 하겠다.

콩나물은 아스파라긴산뿐만 아니라 비타민C가 많기로도 유명하다. 콩나물 무침 한 접시면 하루에 필요로 하는 비타민C의 50퍼센트를 섭취할 수 있다. 게다가 비타민C 역시 알코올 대사를 도우니, 술을 좋아하는 사람이라면 콩나물 보기를 금같이 할 만하다.

## 살찌는 것도 유전자 탓이라고? 

몇 년 전 비만한 가족의 비만 탈출을 돕기 위해 모 방송사에서 기획한 '거꾸로 하우스'가 화제였다. 거꾸로 하우스는 문을 여는 일에서부터 물이나 전기 등을 이용하려 해도 몸을 움직여야만 하도록 만들어져 있다. 즉 운동량을 늘려 살을 빼게 도와주는 것이었다.

그런데 재미있는 건, 거꾸로 하우스에 참여한 가족들을 보면 대부분 몸집이 비슷하다는 것이다. 엄마 아빠가 비만이면 자녀들도 비슷하게 비만인 경우가 많았다. 물론 움직이기 싫어하는 것도 비슷하고 자

많이 먹으렴.
안 돼욧!! 나도 엄마 아빠처럼
기초대사량이 낮기 때문에
절대 과식을 하면
안 된다고요!

주, 많이 먹는 식습관도 비슷했다. 정말 비만은 유전되는 걸까?

비만, 즉 살이 찌는 것은 몸이 필요로 하는 열량 이상을 섭취했을 때 남는 열량이 근육이나 지방 조직에 저장되는 것을 말한다. 즉 얼마나 먹고 얼마나 움직였느냐가 비만을 좌우하는 것이다. 그런데 비만인 사람들의 특징은 기초대사량이 적다는 것. 기초대사량이란, 심장, 두뇌, 내장 등 생명을 유지하기 위해 끊임없이 몸속에서 일어나는 에너지 소비를 말한다. 즉 비만인 사람들은 같은 양의 음식을 먹고도 기본적으로 쓰이는 에너지량이 적어 남는 에너지량이 많다는 것이다. 그리고 이 기초대사량이 적은 것은 유전자 탓일 가능성이 크다고 알려져 있다. 실제로 대한비만학회의 연구 보고에 따르면 부모 모두 비만일 경우 자녀가 비만이 될 확률은 80퍼센트, 부모 중 한 명만 비만인 경우는 40퍼센트, 부모 모두 비만이 아닌 경우는 7퍼센트라고 한다.

지난 2004년에는 경북대학교 생명공학부 허태린 교수 팀이 음식의 종류와 상관없이 체내에서 지방의 양을 증가시키는 비만 유전자(IDPc)를 발견했다고 밝혔다. 또 2007년 말에는 전남대학교 심리학과 허윤미 박사 팀이 888쌍의 쌍둥이를 대상으로 연구한 결과, 비만에 끼치는 유전의 영향이 남자는 82퍼센트, 여자는 87퍼센트라고 발표하기도 했다.

그렇다고 해서 비만이 모두 유전 때문이라는 것은 아니다. 유전적인 기본에 어떤 식습관을 갖고 있고, 또 어떤 질병을 갖고 있느냐에 따라 비만의 정도는 달라진다. 2008년 스웨덴 스톡홀름의 카롤린의

학연구소 키스티 스팔딩 박사 팀은 20세 전에 찐 살은 빼기 어렵다는 연구결과를 발표했다. 20세 이전 청소년기에 살이 찌게 되면 체내 지방세포의 개수가 늘어난 것이기 때문에 이후 살을 뺀다 하더라도 세포 개수는 줄지 않는다는 것이다. 소아 비만이 더 위험한 이유가 바로 이 때문이다.

## 부드러운 토마토 스파게티의 비법은? 

"오늘은 내가 스파게티 요리사~!"

사랑스런 조카들을 위해 당당하게 나선 주말. 메뉴는 아이들이 좋아하는 토마토 스파게티로 정했다. 우선 쫄깃쫄깃한 면발을 만들기 위해서는 면을 삶는 물에 소금을 넣어 주어야 한다. 밀가루에는 글리아딘과 글루테닌이라는 단백질이 들어 있는데, 물을 넣고 반죽을 하면 이 두 단백질이 반응해 글루텐이라는 물에 녹지 않는 단백질을 만든

▲ 글루텐이 만들어지기 시작한 밀가루 반죽(왼쪽). 글루텐을 많이 포함할수록 반죽이 더 쫄깃해진다 (오른쪽-왼쪽 위부터 시계 방향으로 글루텐이 많이 포함되어 있다).

▲ 과일 껍질에 많이 함유되어 있는 펙틴

다. 이 글루텐의 양에 따라 강력분, 중력분, 박력분으로 나누는데, 글루텐의 양이 많을수록 더 쫄깃쫄깃한 밀가루가 된다.

스파게티 면은 글루텐이 많은 강력분으로 만드는데, 소금은 글루텐을 잡아당겨 탄성력을 더욱 크게 만드는 역할을 한다. 그래서 면을 삶을 때 소금을 넣으면 더욱 쫄깃한 면발을 먹을 수 있다.

이제 면은 준비됐고 중요한 토마토 소스를 만들 차례! 토마토 소스를 만들려면 우선 토마토 껍질을 벗겨야 하는데……. 엥? 보기보다 토마토 껍질 벗기기가 만만치 않다. 토마토 껍질은 왜 잘 벗겨지지 않는 걸까?

토마토 껍질이 잘 벗겨지지 않는 건 '펙틴'이라는 물질 때문이다. 펙틴은 젤리처럼 말랑말랑하면서 접착력을 갖고 있어서 토마토 껍질의 셀룰로오스와 과육을 단단히 연결해 준다. 그래서 싱싱한 토마토 껍질을 벗기는 일은 쉽지 않다. 하지만 그렇다고 해서 껍질째 토마토 소스를 만들 수는 없는 일. 이럴 때는 토마토를 끓는 물에 살짝 넣은 다음 찬물로 헹구면 된다. 펙틴은 뜨거운 물에 들어가면 결합이 풀리면서 녹기 때문에 과육과 껍질이 쉽게 분리된다.

자, 이제 쫄깃한 면발에 부드러운 소스가 얹혀진 스파게티 밥상이 차려졌다. 그렇다면 그 다음에 할 일은? 맛있게 먹기만 하면 된다!

"양파, 맵지 않아요?"

모처럼 배달시킨 자장면을 먹다가 조카한테 종종 듣는 말은, 옆에 놓인 양파가 맵지 않느냐는 것이다. 양파는 다듬고 자를 때 그렇게 매운데, 떡 하니 날것으로 씹어 먹는 게 너무 매워 보였나 보다. 나 또한 전엔 그랬다. 그런데 양파의 속사정을 알고 나서 달라졌다.

양파의 껍질을 벗기거나 자를 때 눈물이 핑 돌 정도로 매운 것은, 양파에 들어 있는 '알린'이라는 물질 때문이다. 알린은 양파를 자를 때 알리나아제라는 효소의 작용으로 '알리신'으로 변하는데, 바로 이 알리신이 공기 중으로 퍼지면서 우리 눈을 자극해 눈물이 나게 만든다. 양파를 자르면 어느 순간 확 눈이 매운 것은 바로 이 알리신이 공기 중으로 잘 날아가는 휘발성 물질이기 때문이다.

그렇다면 눈물 없이 양파를 다루는 방법은 뭘까. 바로 이 알리신이 공기 중으로 확산되는 것을 막는 것. 우선 양파를 냉동실에 잠깐 넣었다가 꺼내 쓰는 방법이 있다. 이렇게 하면 양파의 온도가 내려가기 때문에 알리신이 공기 중으로 확산되는 속도가 확 줄어든다. 하지만 이 효과는 길지 않다. 양파의 온도가 다시 올라가면 또다시 확산 속도가 빨라지기 때문이다. 그래서 사람들이 많이 쓰는 방법은 물속에 넣고 양파를 다루는 거다. 알리신이 물에 잘 녹기 때문인데, 하지만 양파를 물속에 넣고 썰면 다른 수용성 물질도 함께 사라지기 때문에 이 또한 빠르게 해야 영양 손실을 줄일 수 있다.

다시 원래 물음으로 돌아와서 보면, 자장면과 함께 배달되는 양파가 맵지 않은 이유는? 바로 알리신이 공기 중으로 이미 날아가 버렸기 때문이다.

한편 양파의 매운 성분과 양파의 맛이 특별한 연관성이 없다는 연구결과가 발표되기도 했다. 양파는 알리나아제의 작용으로 생기는 최루 성분 때문에 매운 것으로, 양파의 맛 자체와는 연관성이 없다는 것. 따라서 이 과정에 관여하는 효소를 조절하면 눈물이 안 나는 양파를 개발할 수 있다는 내용이었다. 그리고 2008년 2월, 눈물을 안 나오게 하는 양파가 개발되었다는 소식이 보도되었다. 역시 최루 성분에 관여하는 효소를 조절해 만들어 낸 것이었다.

눈물 흘릴 일 없는 양파라니, 요리하는 사람 입장에서는 반가운 일이다. 그런데 양파의 입장에서는 어떨까? 양파의 매운 맛은 식물이 터득한 일종의 자기 보호용 화학 무기다. 이걸 사람의 손으로 없앤다니, 양파 입장에서는 무척 억울할 노릇일 듯하다.

## 콜라를 마시면 소화가 잘 된다고? 

"소화되게 한 잔 마셔!"

오랜만에 만난 친구와 찾은 패밀리 레스토랑. 이것저것 맛있는 음식을 먹다 보면 목이 메기 일쑤다. 이럴 때 친구는 콜라를 마시겠냐고 묻곤 한다. 배불리 먹고 콜라 한 잔 마시면 소화도 잘 되고 좋다나?

정말, 콜라가 소화에 도움이 되는 걸까?

누구나 콜라를 마시면 트림을 하게 되기 때문에 소화가 잘 되고 있다는 느낌을 받는다. 하지만 알고 보면 트림이 난다고 해서 꼭 소화가 잘 되고 있다는 뜻은 아니다. 트림은 우리 몸속에 들어간 가스나 소화 과정에서 만들어진 가스가 위로 올라오는 현상이다. 즉 굳이 음식을 먹지 않더라도 말을 하거나 숨을 쉬는 과정에서 몸속에 가스가 차면 이를 배출하는 현상이기 때문에 꼭 소화와 관련된 것은 아니다. 특히 콜라와 같은 탄산음료를 마시면 이산화탄소도 함께 먹게 되는데, 이 이산화탄소가 소화되지 않은 채 트림으로 거슬러 나오게 되는 것이다. 소화가 잘 돼서 나오는 트림이 아니라는 얘기다.

탄산음료를 많이 마시게 되면 오히려 소화에 도움은커녕 방해가 될 수 있다. 그건 바로 탄산음료 속에 들어 있는 당 때문이다. 탄산음료는 보통 10퍼센트가 당분으로, 보통 250밀리리터 캔 하나에 25그램의 당분이 들어 있다. 당분은 1그램 당 4킬로칼로리의 열량을 내니, 콜라 한 캔을 마시면 100킬로칼로리를 먹는 셈이 된다. 이런 당이 위 속으로 들어가면 '당 반사'가 일어날 수도 있어 오히려 소화에 장애가 될 수 있다. 당 반사는 위에 당분이 들어오면 위가 잠시 운동을 멈추는 현상이다.

이뿐만이 아니다. 콜라에 들어 있는 인산염은 칼슘과 결합해 칼슘의 흡수를 방해하기까지 한다. 게다가 카페인과 이산화탄소는 위를 자극해, 위액 분비를 촉진시켜 속 쓰림을 생기게 할 수도 있다.

이렇게 따지고 보니, 콜라로 대표되는 탄산음료는 소화에 도움이 되기는커녕 방해될 여지가 다분하다. 그런데 왜 배부른 상태에서도 콜라 같은 탄산음료를 먹으면 뭔가 시원하게 느껴지는 걸까? 그건 탄산이 목으로 넘어갈 때 톡 쏘는 느낌을 주기 때문이다.

## 간에 기별도 안 간다고? 

출출한 밤에 배달 온 피자의 크기에 비해 나눠 먹을 사람 수가 너무 많아 조금밖에 먹지 못했을 때, 우리는 흔히 '간에 기별도 안 간다'고 이야기한다. 양껏 먹지 못한 아쉬움을 표현하는 말이다. 그런데 왜 하필, 많고 많은 장기 중에 '간'에 기별도 안 간다고 말하는 것일까? 정말 근거가 있는 말일까? 먹는 일과 간이 무슨 관계가 있는지 한번 알아보자.

음식물을 먹는 건 소화 과정의 시작이라고 할 수 있다. 햇빛을 받아 광합성을 하는 식물과 달리 사람을 포함한 동물은 음식물을 통해 영양분을 얻어야만 살아갈 수 있다. 음식물을 먹고, 영양분을 흡수하는 과정을 소화라고 한다. 녹말은 포도당으로, 단백질은 아미노산으로, 지방은 지방산과 글리세롤로 분해되어 혈액을 통해 흡수된다.

이렇게 영양분으로 분해되어 흡수되기까지는 여러 단계를 거쳐야 한다. 우선 입 안에서 음식물을 잘게 씹는 기계적 소화가 맨 먼저다. 치아가 음식물을 잘게 부수면서 침샘에서 나온 침이 녹말을 엿당과 덱스트린으로 분해하게 되는데, 이것은 침 속에 있는 아밀라아제라는

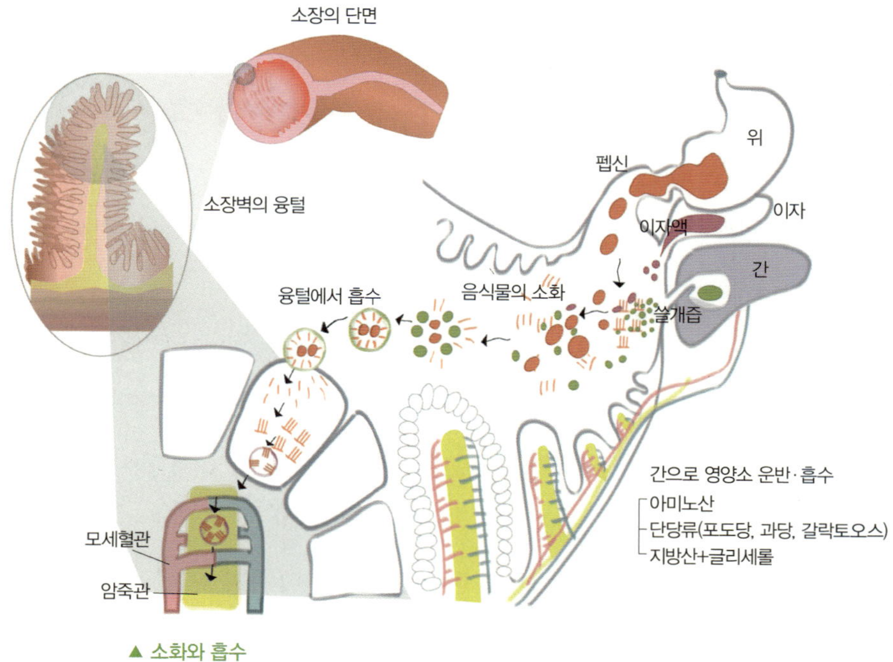


▲ 소화와 흡수

효소가 담당한다.

입에서 잘게 부숴지고 침에 녹은 음식물은 식도를 타고 위로 들어오게 된다. 위에서도 위벽이 수축하면서 음식물과 위액을 섞는 기계적 소화가 일어난다. 이때 펩신이라는 효소가 위액에 섞여 분비되면서 단백질을 펩톤으로 분해한다. 이렇게 분해된 음식물은 위의 연동 운동에 의해 소장으로 내려간다.

소장에서도 소장 벽이 이완되고 수축하는 운동에 의해 음식물이 소화액과 잘 섞이게 된다. 이때 이자에서 만들어져 십이지장에서 분비된 이자액과 간에서 만들어져 쓸개에 저장되었다가 십이지장으로 분비되는 쓸개즙, 장액 등이 분비되면서 탄수화물, 지방, 단백질이 모두 소화된다. 소장 벽은 오돌토돌한 융털로 뒤덮여 있는데, 바로 이 융털에서 음식물이 소화되면서 만들어진 영양분을 흡수한다. 소장에서 흡수되고 남은 것은 대장으로 이동되고, 대장에서 물이 흡수되고 남게 되는 찌꺼기가 항문을 통해 몸 밖으로 배출되면 소화의 전 과정이 끝나게 된다.

소장의 모세 혈관으로 흡수된 영양소는 간과 심장을 거쳐 온몸으로 퍼지게 되고, 이 과정에서 당장 필요한 영양분보다 더 많은 영양분이 흡수되었을 경우에는, 포도당의 일부가 글리코겐의 형태로 간에 저장된다.

간은 흔히 독소를 거르는 기관으로만 생각하지만, 이처럼 소화의 과정과 밀접하게 관련되어 있다. 그리고 포도당이 저장되었다가 우리 몸이 필요로 할 때 분해되어 나오는 곳도 간이다. 따라서 '간에 기별도 안 간다'고 하는 말은 간에 포도당이 저장될 만큼 충분히 영양분을 섭취하지 못했다는 뜻으로 해석이 가능하다.

옛날 사람들이 복잡한 소화의 과정을 알 리 만무한데도 이렇게 적절한 말을 쓴 그 과학적 재치가 그저 놀라울 따름이다.

## 추울 때 몸이 왜 떨릴까?

하얀 눈이 내리는 겨울을 좋아하는 사람들이 많다. 혹한이 몰아칠 때 좀 괴롭긴 하지만, 추울 땐 두껍게 껴입으면 되니 그것 또한 겨울

을 좋아하는 방해 요소가 되지는 못한다.

그런데 추울 때 괴로운 게 딱 하나 있다. 몸이 너무나 덜덜덜 떨린다는 것. 떨고 싶지 않은데도 손이 덜덜 떨리거나, 몸이 떨리면서 이가 부딪히는 소리가 날 때도 있다. 대체 왜 우리 몸은 추울 때 덜덜덜 떨리는 걸까?

보통 정상인 사람의 체온은 섭씨 36.5도로 일정하다. 환경이 변하거나 계절이 바뀌어도 달라지지 않기 때문에 사람은 '정온동물'에 속한다. 사람과 같은 정온동물이 몸의 체온을 일정하게 유지할 수 있는 것은 뇌의 역할 때문이다. 그리고 이러한 뇌의 역할은 체온조절중추가 있어 가능하다.

뇌의 체온조절중추는 몸의 주변 환경이 더워지면 땀을 흘려 열을 내보내고, 추워지면 몸을 움츠러들게 해서 몸 밖으로 열이 빠져나가는 것을 최소로 줄이거나 열을 발생시키기도 한다. 체온조절중추는 간뇌의 시상하부가 담당하고 있는데, 피부에서 온도가 낮아진 것을 감지하면 간뇌의 시상하부는 뇌하수체 전엽을 자극해 호르몬을 분비시킨다. 그 결과 간과 근육에 작용해 물질대사를 활발하게 하여 열발생량을 증가시키는 물질이 나오게 된다. 그 결과 골격근이 수축되면서 몸이 떨리게 된다. 즉, 날씨가 추워지더라도 우리 몸의 체온을 항상 일정하게 유지하기 위해 몸이 떨리게 되는 것이다.

소변을 볼 때 몸이 떨리는 것도 같은 이치다. 몸속에 있던 따뜻한 소변이 몸 밖으로 빠져나가면 우리 몸에서는 따뜻한 소변을 잃게 되어 체온이 떨어질 수 있다. 이걸 막기 위해 순간적으로 몸을 떨어 열생산을 늘리는 것. 이런 근육 운동과 떨림이 평소에 생산하는 열의 4배까지 만들 수 있다니, 추울 때 떨리는 '덜덜거림'은 우리 몸에 꼭 필요한 안전장치라고 할 수 있겠다.

## 상추를 먹으면 졸린 이유 

"아휴~ 상추쌈을 먹어선지 더 졸리네."

상추쌈을 먹고 난 오후에는 봄볕에 고양이 졸듯이 꾸벅꾸벅 졸기 일쑤다. 앞에서 식사를 하고 나면 뇌로 가는 혈액의 양이 줄어들어 뇌 활동이 둔해지기 때문에 졸립다는 것은 알았다. 그런데 상추를 먹으면 뇌로 가는 혈액이 더 줄어들기라도 하는 걸까? 아니면 상추를 먹는 것과 졸음은 아무 상관이 없는 걸까?

상추를 먹고 난 뒤 특히 더 졸린 것은 상추에 들어 있는 특정한 물질 때문이다. 혹시 상추를 먹을 기회가 있다면 먹기 전에 상추 뿌리 쪽에 있는 굵은 줄기를 잘라 보자. 끈끈한 흰색 물질이 나오는 것을 볼 수 있을 것이다. 이 물질은 '락투신(Lactucin)'과 '락투세린(Lactucerin)'으로 쓴맛을 낸다. 바로 이 물질 때문에 상추가 마음을 진정시키고 통증을 가라앉히는 효과가 있다고 알려져 있는 것이다.

상추쌈으로 식사를 했을 경우 기본적으로 위를 향해 혈액이 많이 가는 바람에 뇌로 가는 혈액이 부족해 뇌가 둔해진 데다가, 락투신과 락투세린의 효과로 더욱더 졸린 상태가 되는 것이다. 락투신과 락투

어후……. 쓰고 졸려…….
크흐흐. 락투신, 락투세린 맛이 어떠냐!
으헉!! 인간들은 그래도 우릴 좋아하는 것 같아.
너희가 얼마나 좋은지 알고 있거든. 후후.

세린은 상추가 동물들로부터 자신을 보호하기 위해 갖고 있는 일종의 화학 무기인 셈이다.

하지만 조금 졸린 것만 참는다면 상추는 사람에게는 유익한 녹황색 채소다. 락투신과 락투세린은 신진대사를 활발하게 해 주는 데다 최면과 진정 효과가 있어 상추 즙을 내어 먹으면 우울증이나 스트레스 해소에도 도움이 된다. 또한 비타민A, 비타민C, 철분 등 비타민과 무기질도 풍부하다.

상추쌈에 상추와 함께 거의 같이 나오는 것이 바로 깻잎이다. 깻잎도 녹황색 채소의 하나로, 칼슘과 무기질, 철 성분이 풍부하다. 특히 깻잎은 비타민K가 풍부해 지혈 효과가 뛰어나고, 독특한 향이 나는 정유 성분이 방부제 역할까지 하는 것으로 알려져 있다.

그러니 상추와 깻잎으로 차린 맛있는 밥상이라면 숙면과 신진대사를 활발하게 하는 데 그야말로 진수성찬인 셈이다. 하지만 한방에서는 상추는 차가운 성질이 있어 설사와 같은 배앓이를 하는 사람은 먹지 않는 것이 좋다고 말한다. 무엇이든지 몸에 맞으면 보약이요, 맞지 않으면 독약인 듯하다.

## 커피를 마시면 소변량이 늘어난다?

데이트 신청의 단골 메뉴이자 직장인들의 꿀맛 같은 휴식시간의 필수품으로 자리잡은 커피. 커피는 이제 하나의 기호식품을 넘어 문화

로까지 자리를 잡아 가고 있다. 그런데 문제가 하나 있다. 커피를 마시고 긴 회의라도 하게 되면 중간에 소변을 보고 싶은 경우가 많다. 평소보다 더 빨리 소변을 보고 싶은 것 같다. 도대체 왜 그런 걸까?

▲ 커피

소변을 보는 것은 우리 몸의 배설 작용 중의 하나다. 우리가 음식물을 먹어 영양소를 섭취하는 과정에서는 이산화탄소, 물, 암모니아와 같은 노폐물이 만들어진다. 이러한 노폐물들은 땀이나 호흡, 소변, 대변 등으로 우리 몸 밖으로 배출된다. 이때 소변이 만들어지는 곳이 흔히 콩팥이라고 불리는 신장이다.

보통 주먹만 한 크기에 강낭콩처럼 생긴 신장은 횡격막 아래쪽에 양쪽으로 한 쌍이 있다. 크게 피질, 수질, 신우로 나누어져 있는데, 피질에서는 오줌이 걸러지고 수질에서는 재흡수와 분비가 일어난다. 그리고 다 걸러지고 남은 오줌이 모였다가 내려가는 곳이 신우다.

소변의 재료는 혈액이다. 심장에서 나온 혈액이 동맥을 타고 신장으로 들어오면 피질에 있는 사구체에서 걸러진다. 즉 혈액에는 단백질과 혈구 같은 큰 물질만 남고 수분과 함께 나머지 물질만이 여과되는 것이다. 이 여과된 액체가 앞서 말한 순서대로 신장의 기관을 거치면서 마지막에 남는 것이 바로 소변이 된다.

이때 수질에서 수분이 얼마나 재흡수되느냐에 따라 소변의 양이 달라진다. 재흡수되는 수분의 양을 조절하는 것은 항이뇨호르몬으

로, 물을 적게 먹으면 항이뇨호르몬의 분비가 늘어나 소변량이 줄어
든다. 반대로 몸에 수분량이 많을 경우에는 항이뇨호르몬의 분비가
줄어 재흡수되는 양이 줄어들면서 결국 소변량이 늘어난다. 따라서
소변을 자주 보는 것은 항이뇨호르몬과 관련이 깊다.

커피를 마셨을 때 소변을 자주 보게 되는 것도 결국 항이뇨호르몬
때문이다. 커피가 항이뇨호르몬의 분비를 억제해 수분량을 덜 흡수하
게 만드는 것이다. 그래서 실제 수분이 많지 않아도 많은 양의 소변이
만들어진다. 그러니 너무 긴 영화를 볼 때는 커피를 마신 걸 후회하게
될지도 모른다.


## 우유만 마시면 배가 아프다? 

우유만 먹으면 배탈이 나는 사람들이 있다. 그런데 가만히 생각해
보자. 사람도 태어나서 젖을 먹고 자라는 엄연한 포유류인데 왜 우유
를 마시면 배탈이 나는 걸까?

우유를 마시고 배탈이 나는 이유는 우유 속에 들어 있는 유당, 즉
락토오스 때문이다. 락토오스는 우유에 들어 있는 이당류로, 포도당
과 갈락토오스로 분해되어야만 우리 몸에 흡수될 수 있다. 이렇게 락
토오스가 분해되는 데에는 '락타아제'라는 효소가 작용을 한다.

락토오스는 모유에도 들어 있지만, 어린 아기가 엄마의 젖을 먹고
배탈이 나는 경우는 거의 없다. 왜냐하면 어렸을 때에는 대부분 소장

의 점막에서 락타아제가 분비되기 때문이다. 하지만 젖을 떼고 난 뒤 어른이 되면서는 사람이나 다른 포유류 모두 락타아제를 만드는 유전자가 기능을 잃는다. 그 결과 우유를 마시게 되면 유당을 제대로 분해하지 못해 분해되지 않은 유당이 그대로 장으로 들어가게 되고, 그러면 장에 살고 있는 세균이 이 유당을 먹고 산과 가스를 만들어 내면서 배탈과 설사가 일어나는 것이다. 이것을 '유당불내성'이라고 한다.



하지만 오래전부터 유제품을 주식으로 먹는 유럽을 비롯한 서양사람들은 어른이 되어서도 락타아제를 만드는 유전자가 활성화되어 있다. 동양에서도 몽골인처럼 유목생활을 하면서 유제품을 많이 먹는 민족도 마찬가지다. 이런 이유 때문에 백인의 2~8퍼센트, 흑인과 황인의 60퍼센트 이상이 어른이 되어서는 락타아제가 제대로 기능을 하지 못한다고 알려져 있다.

몇 년 전에는 락타아제가 없는 사람이 마셔도 배탈이 나지 않는 우유가 개발되어 한창 광고된 적이 있다. 아예 유당을 미리 분해해서 만들거나 적게 넣은 우유들이었다. 또 락타아제를 1~2마이크로미터 크기의 캡슐에 싸서 우유 속에 넣는 기술이 개발되기도 했다.

▲ 우유

우유를 조금만 마셔도 배탈이 난다는 건 조금은 불편한 일이 될 수 있다. 혹시 유당불내성 때문에 우유를 입에도 못 대는데도 불구하고 우유를 마시고 싶다면, 유당이 적게 든 요구르트로 대신하거나 우유를 조금씩 마셔서 적응 기간을 두는 게 도움이 될 수 있다.

병원은 유쾌하지 않다. 왠지 병원에서 풍기는 소독약 냄새를
맡고 있노라면 건강한 사람도 병에 걸릴 것 같은
기분이 든다. 하지만 그렇다고 해서 병원에 안 가고
살기는 힘들다. 가벼운 감기에서부터 심각한 암에 이르기까지
우리는 끊임없이 질병의 위협에 시달리고 있기 때문이다.
그러니 병원에 가게 되면 이제 싫다는 생각에서 벗어나
호기심을 가지고 생물학의 세계를 떠올려 보는 건 어떨까.

PART 2
병원에서 궁금한
생물 이야기
공원

# 바이러스, 박테리아, 미생물 

우린 과학 용어의 홍수 속에서 살고 있다고 해도 과언이 아니다. 광우병, 조류독감, 구제역 등이 화제가 될 때마다 텔레비전이나 신문, 인터넷 등을 통해 관련 용어가 쏟아진다. 과학 용어들이 넘치다 보니 종종 서로 다른 용어를 무심코 섞어 쓰는 경우가 생긴다. 바이러스와 박테리아도 그 대표적인 예다.

바이러스와 박테리아는 둘 다 미생물에 속한다. 미생물이란, 크기가 0.1밀리미터 이하로 맨눈으로는 볼 수 없는 작은 생물을 뜻한다. 미생물에는 조류, 균류, 원생동물류, 바이러스 등이 있다.

박테리아는 흔히 세균이라고 부른다. 박테리아와 바이러스가 가장 크게 다른 점은 혼자 살 수 있느냐 없느냐이다. 대부분의 생물은 DNA 정보를 바탕으로 단백질을 만들어 살아간다. 하지만 바이러스는 유별나게도 DNA와 RNA 같은 핵산과 단백질로만 이루어져 있고, 단백질을 만드는 데 필요한 리보솜과 같은 기관들이 없다. 그래서 스스로 에너지를 만들거나 복제를 할 수 없다. 따라서 바이러스는 다른 생물에 침입해 다른 생물의 대사 기능을 이용해 살아가야만 한다.

하지만 박테리아는 바이러스와 다르다. 대부분 하나의 세포로 이루어진 단세포 미생물이지만, 스스로 필요한 유기물을 만들어 살아갈 수 있다. 또, 크기도 달라서 박테리아가 대부분 바이러스보다 훨씬 크다. 바이러스는 보통 지름이 300나노미터(나노미터=10억분의 1미터) 이하이고, 가장 작은 것은 20나노미터 정도로 무척 작다. 하지만 박테리아는 보

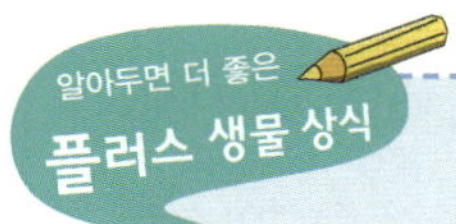

## 생물 분류법

과학자들은 오래전부터 복잡하고 다양한 생물을 분류하는 분류법을 만들어 왔다. 1894년 헤켈이 원생생물, 식물, 동물로 분류한 데 이어 1969년 위태커는 모네라, 원생생물, 균류, 식물, 동물로 분류했다. 그러다 1977년 우스는 진정세균, 고세균, 원생생물, 균류, 식물, 동물로 분류했다가 1990년에 다시 진정세균과 고세균, 진핵 생물로 분류를 정리했다. 그리고 현재는 진행생물계, 세균계, 고세균계로 분류하고 있다.

통 0.5~1마이크로미터로, 바이러스에 비해 보통 100만 배나 크다. 바꿔 말하면 바이러스는 박테리아에 비해 100만분의 1 크기밖에 되지 않기 때문에 일반 현미경이 아닌 전자현미경으로 봐야만 볼 수 있다.

## 위 속에도 미생물이 산다

"아이고, 속 쓰려~."

원고 독촉에 시달리다 보니 또 속이 쓰리기 시작한다. 밥을 제때 먹지 않아도 속이 쓰리지만 이렇게 스트레스를 받을 때도 속이 종종 탈나곤 한다. 그런데 병원에 들러 진찰한 결과, 이게 다 위 속에 살고 있는 미생물 때문이란다. 엥? 위 안에서는 염산이 분비되기 때문에 pH1~3의 상태인데, 어떻게 미생물이 산다는 거지? 그러고 보니 한 요구르트 광고가 머리를 스친다. 헬리코박터 파이로리!

위는 음식물이 들어오면 염산을 분비해 단백질의 분해를 돕는 펩신이라는 효소를 활성화한다. 이러한 위의 강력한 산 분비는 음식에 묻어 있을지 모르는 미생물을 죽이는 역할도 한다. 그래서 1870년대까지 사람들은 산성인 위 속에서는 미생물이 살 수 없다고 생각했다. 위 점막을 배양해도 미생물이 자라지 않았기 때문에 더욱 그렇다고 믿었다.

하지만 1979년 호주 로얄멜버른 병원의 로빈 워렌 박사와 웨스턴오스트레일리아대학교의 배리 마샬 박사는 위 속에서 살아가는 미생물을 발견했다. 바로 위 점액층 내부에서였다. 헬리코박터는 2밀리미터 두께의 위벽 점액층 안에 살고 있어 위액에 의해 손상되는 것을 피할 수 있었던 것이다. 위점막에서는 뮤신이라는 점액이 분비되어 염산과 펩신에 의해 위벽이 손상되는 것을 막아 주는데, 헬리코박터는 똑똑하게도 이를 이용해 산성 환경에서도 살 수 있는 것이다. 게다가 헬리코박터는 요소를 분해하는 효소를 몸 밖으로 내보내 위점액에 들어 있는 요소를 암모니아로 만들어 버린다. 암모니아는 염기성이기 때문에 결국 위산을 중화시켜 스스로를 보호할 수 있는 것이다.

오늘날 헬리코박터는 위 속에 살고 있는 유일한 미생물로 위염이나 위암과 같은 위장질환을 일으키는 원인으로 잘 알려져 있다. 배리 마샬 박사는 헬리코박터가 위장 질환을 일으킨다는 것을 증명하기 위해 직접 헬리코박터를 마시고 위염에 걸리는 생체실험(?)을 하기도 했다. 이러한 눈물겨운 연구 끝에 결국 1995년 헬리코박터를 발견한 공로를 인정받아 노벨의학상을 수상했다.

헬리코박터의 감염은 주로 음식물을 통해서 이뤄진다고 알려져 있다. 그래서 우리나라처럼 함께 찌개를 떠 먹거나 술잔을 돌리는 문화에서는 가까운 사람을 통해 감염이 이뤄지는 경우가 많다. 실제로 호주, 미국 등 선진국에서는 20대의 10~20퍼센트가, 50대의 약 50퍼센트가 보균자이고, 우리나라는 5~6살이 되면 50퍼센트 가까이 감염되는 것으로 나타났다. 그리고 학교를 다

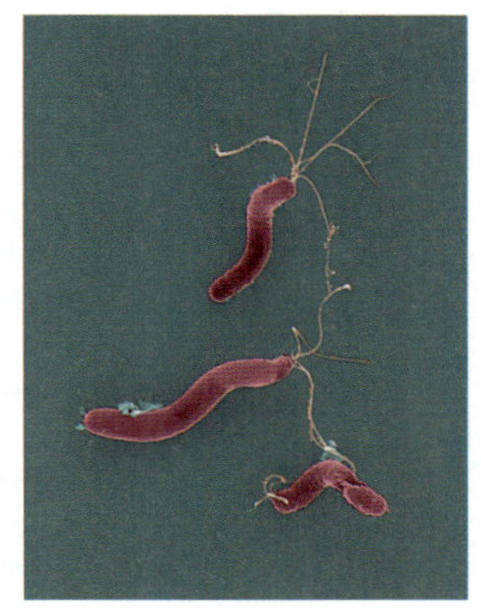

▲ 헬리코박터 파이로리

니기 시작하면서부터는 90퍼센트까지 감염률이 증가한다고 알려져 있다.

헬리코박터 파이로리가 위장 질환과 관련되어 있다는 사실 때문에 이 세균을 위에서 없애는 일에 사람들의 관심이 쏠리고 있다. 위장질환이 심한 경우 헬리코박터 파이로리를 없애는 약을 장기간 복용하기도 하는데, 한편에서는 요구르트와 같은 식품으로 헬리코박터 파이로리를 억제할 수 있다고 광고하기도 한다.

전문가들에 따르면 헬리코박터 파이로리를 억제하는 데 실제 비타민C와 유산균이 효과가 있다고 한다. 하지만 이러한 것들은 어디까지나 식품이기 때문에 단순히 이러한 식품을 먹는다고 해서 헬리코박터 파이로리가 당장 없어지는 것은 아니다. 헬리코박터 파이로리를 억제하는 데 그저 약간의 도움이 된다고만 생각하는 게 옳다.

## 기생충으로 다이어트를 한다고?

　지금은 거의 광고를 하지 않지만 한때는 봄, 가을마다 구충제 광고가 한창이었다. 온 가족이 함께 한 알씩만 먹으면 몸속에 있는 회충, 촌충 등 기생충을 싹~ 없앤다는 광고가 인기였다. 그리고 실제로 학교에서도 대변 검사를 통해 기생충 여부를 알아낸 뒤 몸에서 기생충이 있다고 나온 아이들에겐 굵직한 알약을 나눠 주기도 했었다. 물론 요즘엔 이런 대변 검사는 더 이상 하지 않는다.

　예전에는 농촌에서 밭에 거름을 줄 때 인분, 즉 사람의 배설물을 사용하곤 했었다. 그러다 보니 인분에서 나온 기생충의 알이 채소에 달라붙어 있다가 잘 씻지 않고 먹을 경우 사람 몸속으로 들어가곤 했었다. 그래서 위생상태가 좋지 않던 1970년대까지도 우리나라의 절반이 넘는 사람들이 회충과 편충에 감염되어 있었다.

　기생충은 생명을 유지하기 위해 다른 생물의 몸에 붙어 사는 생물을 말한다. 소장에 사는 회충, 맹장과 충수돌기, 대장과 소장의 끝에 사는 편충에서부터 장에 사는 흡충, 촌충까지 그 종류도 무척 다양하다. 회충과 편충은 앞서 말한 인분 때문에 많이 걸리고, 흡충 중 우리나라 사람들에게 흔한 요코가와흡충은 은어를 날로 먹었을 때 걸리기 쉽다. 10미터까지 자라는 촌충에는

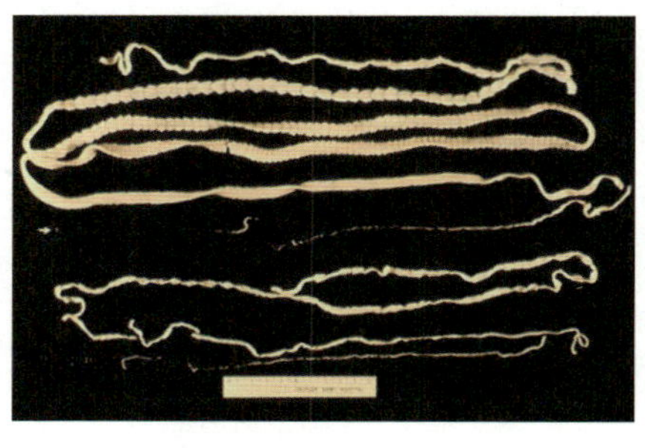

▲ 촌충. 긴 것은 10미터나 된다.

VIP룸
우린 암이나 당뇨를 치료하는 연구에 힘을 보태고 있지!
기생충
기생충
촌충
후후, 두려움을 없애고 싶은 사람은 나를 이용해 보는 건 어때?
톡소 플라즈마 곤디
다이어트를 하고 싶다면 나를 이용해 봐~.

긴촌충, 갈고리촌충, 민촌충 등이 있는데 긴촌충은 송어, 연어, 농어 등을 날로 먹었을 때 걸리고, 갈고리촌충은 돼지고기, 민촌충은 소고기를 덜 익혀 먹으면 걸린다.

그런데 재미있는 건, 이렇게 우리 몸에 살면서 영양분을 빼앗아 먹고 때로는 설사나 복통을 일으키는 이런 기생충이 오히려 우리 몸에 도움이 될 때도 있다는 것!

일본의 후지타 고이치로 박사는 자신의 몸에 직접 촌충을 키우면서 기생충을 연구했다. 그 결과 알레르기 증상과 콜레스테롤 수치가 줄어든 데다 몸무게도 줄어들었다. 매일 20센티미터씩 자라면서 200만 개의 알을 낳는 촌충이 몸속의 에너지를 많이 사용한 덕분이었다.

한편 미국의 스탠퍼드대학교 아자이 브야스 박사팀은 기생충에 감염된 쥐가 고양이를 겁내지 않는 이유를 밝히기도 했다. 쥐는 본능적으로 고양이의 소변 냄새를 맡으면 두려움을 느끼는데, 톡소플라즈마 곤디라는 기생충에 감염된 쥐는 고양이 냄새에 두려움 대신 호감을 느껴 가까이 다가가기를 서슴지 않았다. 연구해 보니 톡소플라즈마 곤디가 쥐의 소뇌편도에 기생한다는 사실을 알아냈다. 편도체는 공포를 관장하는 뇌부위로, 이 기생충이 뇌의 다른 부위는 건드리지 않고 공포만을 호감으로 바꿔 버린 것이다.

이 밖에도 기생충으로 암이나 당뇨병을 치료하는 연구도 이뤄지고 있다고 한다. 그러니 혹시 모를 일이다. 과거에는 없애려고만 했던 기생충이 귀한 몸이 될지도!

어렸을 때 맛있는 케이크를 아버지께서 사 오신 적이 있었다. 온 식구들이 다음날 저녁에 먹기로 했는데……. 그 다음날 저녁, 나는 그만 일찍 잠이 들고 말았다. 낮에 너무 뛰어논 탓인지 저녁을 먹자마자 잠이 들어 버린 것이다. 그리고 다음날 아침. 난 일어나자마자 그 맛있는 케이크를 찾았다. 그런데 이럴 수가! 케이크 상자만 덩그러니 남아 있는 게 아닌가! 난 그만 울어 버리고 말았다. 날 깨우지 않고 먹은 식구들이 야속했다. 그런데 한참 서럽게 우는 나에게 엄마께서 하시는 말씀.

"너 어제 저녁에 자다가 일어나서 먹고 잤잖아!"

아니, 이건 또 무슨 소리지?

잠은 자는 상태에 따라 여러 단계로 나뉜다. 그 가운데서 안구가 움직이는 렘수면과 안구가 움직이지 않는 비렘수면으로 크게 나눠 볼 수 있다. 잠이 들면 우선 비렘수면을 하게 되는데, 깊게 자는 정도에 따라 얕은 잠인 1, 2단계에서 깊은 잠인 3, 4단계로 나눠진다. 흔히 곯아떨어졌다고 하는 것은 비렘수면의 3, 4단계를 말한다.

비렘수면 다음에는 렘수면이 찾아온다. 렘수면 동안에는 눈동자가 빠르게 움직이며, 깨어 있는 때와 같은 뇌파가 발생해 호흡이나 혈압이 불규칙하게 나타나기도 한다. 꿈은 바로 이 렘수면 동안 꾸게 된다.

그렇다면 흔히 자다가 일어나서 돌아다니다 쓰러지는 몽유병도 꿈의 일종일까? 몽유병은 수면행동장애로, 자다가 갑자기 놀라 깨는 야

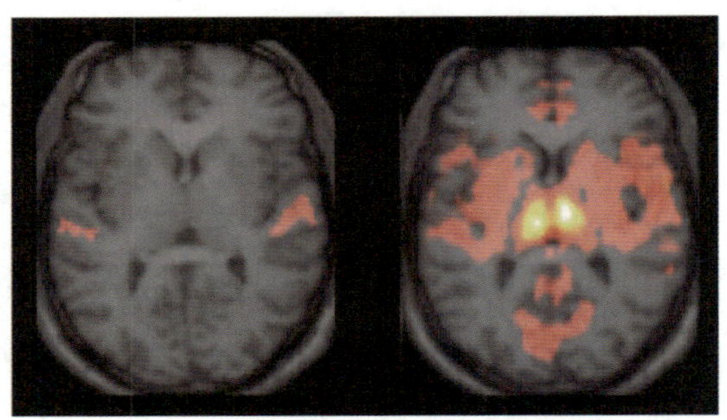

▲ 숙면을 취하고 있을 때(비렘수면, 왼쪽)와 렘수면(오른쪽)의 뇌 활성도 사진. 붉은 색으로 표시된 곳이 활성화된 영역이다.

경증과 함께 대표적인 수면장애다. 이러한 수면장애는 뇌에서 갑자기 흥분파가 나오기 때문이라고 알려져 있는데, 깊은 잠을 자는 비렘수면에서 나타난다. 그러니 렘수면 동안 꾸는 꿈과는 전혀 상관이 없다.

그런데 왜 뇌활동이 필요 없는 잠을 자는 중에 갑자기 뇌파가 나오는 걸까? 자는 동안 뇌파가 나오는 것은 일종의 보호장치가 작동하는 것이라고 생각할 수 있다. 코를 심하게 골거나 이를 갈고, 다리를 떠는 것과 같은 습관이 있을 경우, 각성상태를 유지해 몸을 보호하려고 하는 것이다. 그 결과 뇌파가 흥분 상태가 되어 수면장애가 나타나기 쉽다.

수면장애가 일주일 이상 계속되면 치료를 받는 것이 좋다. 계속해서 수면장애가 일어나면 잠을 푹 잘 수 없어 피곤이 쌓이면서 면역력과 학습능력이 떨어진다. 또한 성장기 어린이의 경우, 성장호르몬이 제대로 분비되지 않아 키가 잘 자라지 않을 수도 있다. 또 이러한 신체적인 문제뿐만 아니라 충분한 수면을 하지 못하면 집중력이 떨어지고 우울해지는 등 정신건강에도 좋지 않다.

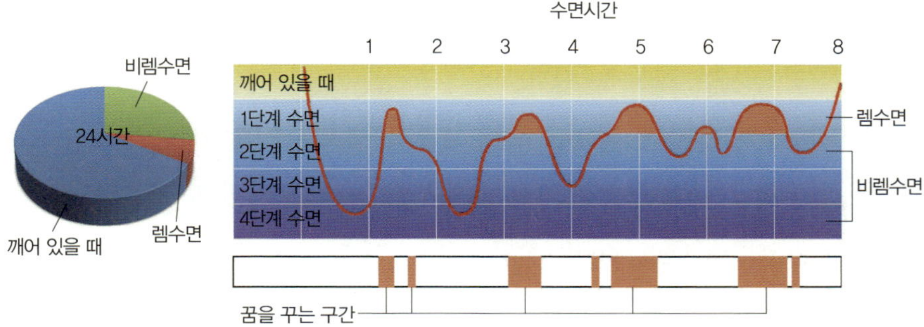


▲ 수면 시간에 따른 렘수면 구간

또한 어릴 적 수면장애는 성장 후 몽유병으로 발달할 수 있는데, 그렇게 되면 뇌가 낮과 밤을 헷갈려하면서 밤에 멜라토닌이 제대로 분비되지 않는다. 밤에는 멜라토닌이 분비되어서 배가 고프지 않아야 하는데, 몽유병에 걸리게 되면 밤에도 배가 고파 자다가 일어나 걸어 다니다가 음식까지 먹게 된다.

몽유병까지는 아니더라도 내가 어렸을 때 자다가 일어나 케이크를 먹고 다시 잔 건 뇌가 각성되어 있었기 때문인 건 확실하다. 너무 먹고 싶은 마음에 내 뇌가 흥분했나 보다.

## 겨드랑이 냄새는 땀 냄새가 아니다?

여름이면 찾아오는 불청객, 땀. 평소에도 땀을 흘리긴 하지만 여름철 무더위 속에서 흘리는 땀은 불쾌지수를 올리는 일등공신이다. 본인이 괴로운 거야 본인 몸이니 참을 수 있겠지만, 유독 땀 냄새가 심

해 주위 사람들을 힘들게 하는 경우는 참 난처하다. 도대체 이런 심한 땀 냄새는 왜 나는 걸까.

땀을 흘리는 것은 우리 몸의 체온을 일정하게 유지시키기 위한 하나의 방어 작용이다. 즉 운동을 하거나 기온이 올라가 우리 몸의 체온보다 더 올라가게 되면, 우리 몸에서는 땀샘을 열어 땀을 배출하기 시작한다. 우리 몸에는 전부 300만 개 가까운 땀샘이 있는데, 이곳으로 분비된 땀이 공기 중으로 기화되면서 주위의 열을 빼앗아 체온을 유지시키는 원리다.

이러한 땀은 99퍼센트가 물로 이루어져 있다. 여기에 나트륨, 칼륨, 염소, 마그네슘 등이 들어 있다. 그러고 보니 땀 자체에서 특별히 냄새가 날 성분은 눈에 띄지 않는다. 그렇다면 왜 땀 냄새가 나는 걸까.

우리 몸에 퍼져 있는 땀샘은 에크린선과 아포크린선이라는 두 종류로 나눌 수 있다. 에크린선은 온몸에 퍼져 있고, 아포크린선은 겨드랑이, 배꼽 등 일부분에만 존재한다. 그러고 보니 땀 냄새로 곤욕을 치르는 부위는 겨드랑이! 실제로 땀 냄새는 아포크린선 주변에 살고 있는 미생물이 땀에 섞여 있는 무기물을 먹고 분해해서 냄새나는 물질을 내놓기 때문에 생긴다. 즉 땀 냄새는 땀 자체의 냄새가 아니라 미생물이 만드는 냄새인 것이다. 아포크린선은 사춘기 이후에 주로 발달하는데, 냄새가 심할 경우에는 병원에서 치료를 받기도 한다. 하지만 대부분은 항생제 비누로 씻거나 가루 형태의 땀 억제제를 바르는 것만으로도 냄새를 줄일 수 있다. 한편 발에서 나는 냄새는 에크린선에 의해 피부의 케라틴이 물렁해져 그곳에 미생물이 증식했기 때문이다.

사람은 하루에 보통 500~700밀리리터의 땀을 흘린다. 그리고 무더운 여름철이나 격렬한 운동을 했을 때는 2,000~3,000밀리리터까지 땀을 흘린다. 땀을 흘리지 못하게 되면 우리 몸은 체온을 조절하지 못해 심각한 위험에 놓이게 될 것이다.

이처럼 사람이 적절한 온도를 유지하면서 살아가는 데 필수인 땀. 여름철 냄새가 심한 걸 땀 탓으로 돌리지 말자. 땀 냄새는 오직 깨끗하지 못한 자신과 보이지 않는 미생물 때문이다.


## 제리가 겁 없는 이유는?

쫓고 쫓기는 재미를 선사해 준 만화영화 〈톰과 제리〉. 필자가 초등학생일 때 방영된 이 만화는 멍청한 고양이 톰과 똑똑한 생쥐 제리를 주인공으로 큰 인기를 끌었다. 그 둘의 관계는 먹고 먹히는 그야말로 천적지간이다. 그런데 지금 와서 생각해 보니, 톰은 그렇다치고 제리의 행동에는 좀 문제가 있었다. 톰을 피해 도망다니기는 하지만 톰을 무서워하기는커녕, 톰을 놀리는 일을 즐겨했기 때문이다. 어쩌면 제리는 뇌의 편도체에 심각한 이상이 있었던 게 아닐까?

우리가 받아들이는 자극은 몸 곳곳에 퍼져 있는 말단신경세포들

▲ 쥐의 편도체에 이상이 생기면 고양이를 무서워하지 않는다.

을 통해 뇌의 시상핵을 거쳐 대뇌피질로 전달된다(후각은 예외다). 그런데 공포자극을 받았을 때는 조금 다르다. 시상핵을 통과한 자극이 대뇌피질로 가기 전에 먼저 편도체를 자극하는 것. 편도체는 공포자극을 공포 반응으로 연결하는 역할을 하기 때문에 대뇌피질에서 정보를 분석하고 행동명령을 내리기 전에 이미 편도체에서 공포에 대한 반응을 내려보내게 되는 것이다. 내가 아무리 공포영화를 보면서 소리 지르지 말아야지 하고 다짐을 해도, 결국 벌벌 떨며 고성을 지르게 되는 이유가 바로 이것이다. 공포의 감정은 이성적인 뇌의 판단과는 별개로 움직이는 것이다.

자라 보고 놀란 가슴 솥뚜껑 보고도 놀라는 이유도 편도체 때문이다. 편도체는 어떤 특정한 대상이 공포스러운 사건으로 기억될 경우, 그와 관련된 모양이나 이미지를 공포의 감정과 연결시켜 기억하게 만든다. 자라를 보고 놀라면 나중에 자라 닮은 솥뚜껑만 보고도 놀라는 게 바로 이러한 편도체의 기능 때문이다. 실제로 과학자들이 쥐를 상대로 실험한 결과 편도체에 손상을 입은 쥐는 고양이를 두려워하지 않는 것으로 나타났다.

편도체가 활동을 하게 되면 다양한 신경전달물질을 내보내게 되는데, 이것은 척수를 통해 자율신경계를 활성화하게 된다. 그 결과 내분비선에서 호르몬이 활발하게 분비되어 심장박동이 빨라지고 모세혈관이 수축되거나 신진대사가 활발해지는 신체 반응이 일어난다. 이 때문에 공포영화를 보거나 무서운 상황에 맞닿으면 땀이 나고 몸이 떨리거나 심장이 빨리 뛰게 되는 것이다.

그러니 주위에서 담력이 강하고 전혀 겁나지 않는다고 말하는 사람들은 대부분 겁이 나지만 참고 있는 경우가 많다. 진짜로 전혀 겁이 나지 않는다고 한다면 혹시 모를 일이니 병원에 가서 편도체 이상을 확인해 보는 것이 좋겠다.

## 담배 연기에도 급이 있다 

배우 중에도 주연 배우가 있고 조연 배우가 있다. 또 어떤 사회 조직이든 그 조직을 적극적으로 이끌어 가는 주류가 있고, 그에 비해 중심에 서지 못하는 비주류가 있다. 이렇듯 세상은 겉으로 보기엔 잘 드러나 보이지 않지만 알고 보면 그 특성이 다른 종류들이 있다.

그런데, 여기 그동안 알지 못했던 또 하나의 종류가 있다. 얼마 전 폐암 선고를 받은 주부 A씨. 병원에서 말하길 이 모든 게 '비주류' 때문이란다. 담배 한 대 피운 적 없이 폐암에 걸린 것도 억울한데 비주류 때문이라니, 이건 또 무슨 소리일까?

본인이 직접 담배를 피우는 게 아니라 옆에 있는 사람이 피우는 담배 연기를 들이마시게 되는 걸 '간접흡연'이라고 한다. 그런데 이 간접흡연을 일으키는 담배연기는 주류와 비주류로 나눌 수 있다. 주류 담배 연기는 담배를 피우는 사람의 입이나 코를 통해서 나오는 담배 연기를 말한다. 즉 담배를 피우면서 들이마신 담배 연기가 폐를 거쳐 걸러진 다음에 다시 나오는 연기다. 한편, 담배 자체가 공기 중에서 타

비주류
주류
주류
크하하하! 담배 연기 맛이 어떠냐!
크헉, 나보다 훨씬 나쁜 녀석이 있다니…….

▲ 담배의 성분들

면서 나오는 연기를 비주류 담배 연기라고 한다.

간접흡연은 대부분 밀폐된 실내에서 이루어지는데, 이때 80~85퍼센트가 비주류 담배 연기가 차지한다. 그런데 여기서 문제는 비주류 담배 연기가 주류 담배 연기보다 훨씬 더 해롭다는 것이다. 주류 담배 연기의 경우 폐에서 한 번 걸러진 뒤에 나오는 것이기 때문에 독성이 덜하다. 하지만 비주류 담배 연기는 담배가 공기 중에서 그대로 타면서 나오는 것이기 때문에 담배가 갖고 있는 독성 물질들의 함량이 높다. 실제로 주류 담배 연기와 비주류 담배 연기의 성분을 분석해 보면, 비주류 담배 연기가 주류 담배 연기에 비해 일산화탄소는 15배, 니코틴 21배, 포름알데히드 50배, 벤젠 20배 등으로 나타난다.

담배의 성분이 온갖 독성 화학물질이고 발암물질이라는 것은 대부분이 아는 사실이다. 그런데 더욱 무서운 것은, 담배를 피우는 사람이 내뿜는 주류 및 비주류 담배 연기가 가까운 사람들의 건강을 위협한다는 것! 특히 어린 자녀가 있는 경우 담배 연기가 건강에 끼치는 영향은 더욱 크다. 폐는 보통 18세가 되어야 완전하게 자라는데, 폐가 성숙하지 않은 어린이나 청소년의 경우 적은 양의 담배 연기만으로도 큰 해를 입을 수 있다. 실제로 부모 중 한 명이 담배를 피우는 경우, 담배를 피우지 않는 집보다 1.46배, 부모 모두 담배를 피우는 경우는 2.26배나 폐렴과 기관지염의 발병률이 높은 것으로 나타났다. 게다가 담배를 직접 피우는 청소년은 그렇지 않은 청소년에 비해 수명이 10년이나 줄어들고 암 발생률이 3배 이상 늘어난다니, 주류든 비주류든 담배와 관련된 것이라면 일단 멀리하고 볼 일이다.

## 남자 같은 여자, 여자 같은 남자의 비밀은 호르몬 

"어머, 애가 아주 장군감이네요! 참 씩씩하게 자알~생겼다!"

"……우리 애는 여자 아이인데…….''

이처럼 갓난아기를 놓고 남잔지 여잔지 헷갈리는 경우가 종종 있다. 남자애인지 여자애인지 확실하게 구분되는 아기가 있는가 하면 엄마가 온통 레이스나 분홍으로 치장해 놓지 않으면 누가 봐도 남녀가 헷갈리는 경우 괜스레 장군감이라고 칭찬했다간 민망해질 수 있다. 하지만 어른이 되면 사람들은 누구나 쉽게 남녀를 구분한다. 심지어 남자에서 여자로 성을 바꾼 트랜스젠더라고 하더라도 사람들은 뭔가 어색하고 자연스럽지 않다고 여기게 된다. 대체 무엇이 남자와 여자를 구분하는 걸까.

그 열쇠는 바로 성호르몬! 갓난아기는 남녀 상관없이 대부분 동글 동글하고 통통하며 낮은 코를 갖고 있다. 하지만 사춘기가 되면서부터 분비되는 성호르몬이 남자를 남자답게 여자를 여자답게 만들기 시작한다. 그 결과 남자는 턱이 발달하고 눈썹이 짙어지고 여자는 얼굴선과 목선이 부드러워진다. 그래서 사람들은 일반적으로 턱이 넓고 코가 높으며 눈썹 부분이 발달하면 남자의 얼굴로, 이마가 넓고 눈이 크며 눈과 눈썹 사이가 멀면 여자의 얼굴로 인식한다.

목소리 또한 남녀를 구분 짓는 중요한 잣대가 된다. 남자는 낮은 목소리를, 여자는 높은 목소리를 내는데, 이 또한 사춘기 때 나오는 성호르몬 때문이다. 사춘기 때 성호르몬이 분비되면 남자는 성대가 굵고 길어지면서 낮은 소리를 내게 되고, 여자는 얇고 짧아지면서 높은 소리를 내게 된다.

이러한 얼굴 모양이나 목소리 말고도 몸짓에서도 남녀의 차이를 발견할 수 있다. 흔히 남자들은 흔히 다리를 팔자로 뻗으면서 성큼성큼 걷고 여자는 엉덩이를 좌우로 움직이며 일자걸음을 걷는데, 이건 골반의 구조가 다르기 때문이다. 남자는 여자보다 골반이 작고 골반 아래 부분의 각도도 좁다. 반대로 여자는 남자보다 더 넓고 긴 골반을 갖고 있다. 생물학적으로 여자의 골반 구조는 아기를 낳기에 더 적합하다.

또한 남자가 흔히 어깨를 흔들며 건들거리듯 걷는 것은 몸의 무게 중심 위치가 여자와 다르기 때문이다. 남자는 여자에 비해 어깨가 발달해 무게 중심이 위쪽에 있다. 하지만 여자는 어깨가 좁아서 무게 중심이 아래쪽에 있다. 그래서 남자는 어깨를 흔들며 걷고, 여자는 엉덩이를 흔들며 걷는다.

물론 이러한 신체적인 차이에다 남자와 여자에 기대하는 사회적 관습이 더해져 남자답고 여자다운 외모나 행동, 말투 등이 나타나게 된다. 하지만 자신의 성정체성만 확실하다면 겉으로 보이는 모습이 흔히 말하는 남녀다움에서 조금 벗어난들 뭐 어떠랴. 지금은 개성시대이니 말이다.

## 멘델도 몰랐던 AB형

초등학교 때 혈액형 검사를 앞두고 가족들의 혈액형을 조사해 오라는 숙제가 있었다. 부모님께 여쭤 보니 아버지는 O형이라고 했고, 어머니는 B형이라고 했다. 그런데 다음날, 내 혈액형을 검사해 보니 AB형이라는 결과가 나왔다. 그때는 그 결과가 무엇을 뜻하는지 잘 몰랐다. 중학생이 되어서야 문득 그 사실이 떠올랐다. 엥? 어떻게 O형과 B형 사이에서 AB형이 나오는 거지?

혈액형을 구분하는 방법은 여러 가지가 있지만 그중에 특히 두 가지가 대표적이다. 첫 번째는 오스트리아 출신의 병리학자인 칼 란트슈타이너가 구분한 방법인 'ABO'식 혈액형 구분법이다. ABO식 혈액형은 사람의 피가 다른 사람의 피와 만나면 응고되는 점을 이용한다. 피

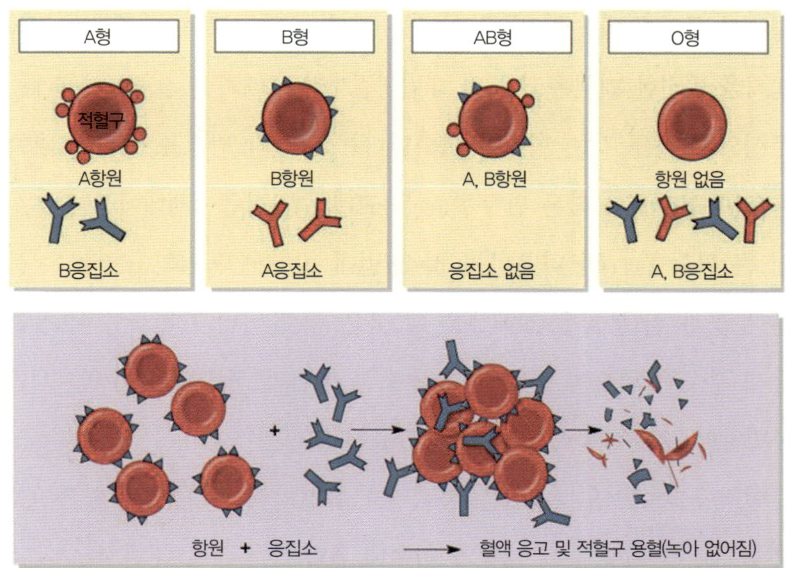



▲ 혈액형을 구분하는 항원과 응집소(위), 혈액 응고 및 적혈구 파괴(아래)

속에는 적혈구가 들어 있고, 이 적혈구 표면에는 탄수화물이 붙어 있다. 그런데 다른 사람의 피가 들어왔을 때 적혈구에 붙어 있는 탄수화물의 종류가 다르면 우리 몸에서는 이것을 막기 위해 항체를 만든다. 그 결과 적혈구가 파괴되어 응고되는 것이다. 이를 이용하면 어떤 혈액형과 섞였을 때 응고되느냐 응고되지 않느냐를 이용해 혈액형을 알 수 있다.

두 번째 방법은 혈액형에 Rh 인자가 있느냐 없느냐에 따라 나누는 방법이다. 붉은털원숭이의 혈구에 대한 항체와 인간의 혈액 사이에서 응집이 일어나면 Rh(+), 일어나지 않으면 Rh(-)라고 나타낸다.

혈액형도 유전인자이기 때문에 유전이 되는데, 재미있는 것은 혈액형에서 중간유전을 찾을 수 있다는 것이다. 완두콩을 재배해 유전의 법칙을 발견한 멘델은 순종의 대립형질끼리 교배하면 잡종 1세대에는 우성의 성질을 갖는 형질이 나타난다는 우열의 법칙을 발견했다. 즉 큰 완두콩(TT)과 작은 완두콩(tt)을 교배하면 잡종 1세대에서는 우성인 큰 완두콩(Tt)만 나온다는 것. 그런데 1903년 독일의 코렌스는 붉은 분꽃과 흰 분꽃을 교배했을 때 붉은 색도 아니고 흰색도 아닌 분홍색 분꽃이 나오는 걸 발견했다. 붉은 형질과 흰 형질이 우열관계가 분명하기 않기 때문에 일어난 '중간유전'이었던 것이다.

혈액형 중에서도 AB형은 바로 중간유전의 결과다. 혈액형 유전자는 A, B, O 이렇게 세 가지가 있는데, A와 B는 O에 대해 우성이고, A와 B끼리는 우열관계가 없다. 따라서 A와 B가 만났을 때는 우열관계가 확실치 않아 A형도 아니고 B형도 아닌 AB형이 된 것이다. 그래서 AB형은 모든 혈액형으로부터 수혈을 받을 수 있다.

가끔 병원에서 Rh(-)형을 급히 찾는다는 이야기가 들릴 때가 있다. Rh식 혈액형은 Rh(+)가 Rh(-)에 비해 우성으로, 멘델의 유전법칙에 따라 유전된다. 그런데 우리나라에는 Rh(-)형인 사람이 0.1~0.3퍼센트로 무척 적어 수혈에 어려움이 많다.

그나저나, 우리 부모님과 내 혈액형이 이상한 것은 대체 어떻게 된 거냐고? 알고 보니 어머니께서 혈액형을 잘못 알고 계셨던 것이다.

# 세포도 자살한다

"가야 할 때가 언제인가를 분명히 알고 가는 이의 뒷모습은 얼마나 아름다운가……."

이형기 님의 '낙화'라는 시다. 그런데 이 시는 우리 몸에도 아주 잘 들어맞는다. 스스로 가야 할 때를 알고 있는 세포 얘기다.

우리 몸은 수많은 세포들로 이루어져 있다. 세포들이 모여 장기와 조직을 이루고 있으면서 매 순간 생명을 유지할 수 있도록 활동한다. 그런데 이러한 세포에는 자기 조절 기능이 있다. 어떤 자극을 받아 손상되었을 경우 주위의 다른 세포에게 해를 주지 않도록 스스로 죽는 세포자살 유전자를 갖고 있는 것이다. 즉 스스로 죽음을 선택함으로써 우리 몸의 건강을 유지하는 셈이다. 이것을 세포 스스로 자살한다고 해서 '세포사멸'이라고 한다.

이러한 세포의 자살 시스템은 많은 과학자들의 관심 대상이었다. 그래서 지난 2002년에는 미국 매사추세츠공대 로버트 호비츠 교수를 비롯한 세 명의 과학자들이 장기 발달 과정에서 나타나는 세포사멸 프로그램에 관여하는 유전자의 조절 메커니즘을 규명해 노벨생리의학상을 수상하기도 했다. '예쁜꼬마선충'을 대상으로 실험한 결과로, 세포자살을 일으키는 단백질을 만드는 특정한 유전자를 찾아낸 것이다.

그런데 만약, 세포가 손상을 입고서도 자살하지 않는다면 어떻게 될까? 그 대표적인 예가 바로 암이다. 물론 암에 걸리는 원인은 무척 다양하지만, 세포가 손상을 입고서도 자살하지 않고 계속해서 주변 세포를 덮치면서 증식하는 것이 기본 원리다. 그리고 암과 반대로 지나치게 빠른 세포사멸은 뇌졸중, 치매, 에이즈 등과 관련이 있다고 알려져 있다. 즉 세포의 자살이 어떤 과정을 통해 어떤 물질들의 작용으로 일어나는지를 알면 암을 비롯한 여러 질병들을 정복할 수 있는 중요한 열쇠를 얻을 수 있을 것이다.

세포가 갈 때를 잊고 억지를 부리면 질병이 된다는 것은 어쩌면 사람 사는 이야기와도 잘 들어맞는다. 어느 경우에나 스스로 가야 할 때를 알고 물러나기는 참 어렵기 때문이다. 그런 점은 건강한 세포에게 한 수 배워야 할 듯도 싶다. 나도 모르는 사이에 암적인 존재가 되지 않으려면 말이다.

## 치질은 인류의 운명? 

우리나라 국민의 입원 사유 1위는 무얼까? 놀랍게도 '치질'이다. 그러고 보니 시내 곳곳에서 대장항문을 전문으로 한다는 병원 간판도 심심치 않게 눈에 띈다. 어느 순간 치질은 아주 흔한 질병이 되어 버렸다. 도대체 왜?

치질은 한마디로 '힘' 때문에 생기는 병이다. 변비나 장 질환 때문에 변을 볼 때 지나치게 오래 앉아서 과도한 힘을 주는 경우, 변이 나오는 항문의 점막 혈관이 파열되어 생기는 질병이기 때문이다. 치질은

## 이족보행으로 진화한 이유

치질이 생긴 원인은 두 발로 직립보행을 한 데서 생겼다. 그런데 인류는 왜 직립보행을 하는 방향으로 진화를 한 것일까? 그동안 많은 과학자들은 나무에 오르기 쉽게 하거나 새끼에게 먹이를 주고 이동하는 데 편리하도록 하기 위해 이족보행으로 진화했다고 설명해 왔다. 그런데 지난 2007년 7월, 미국 워싱턴 대학교 허만 폰처 교수 팀은 이족보행이 네 발로 걷는 것보다 에너지 소모량이 25퍼센트나 적다며, 결국 에너지 소모를 줄이기 위해 두 발로 걷게 되었다는 가설을 발표했다. 침팬지를 통해 실험한 결과, 두 발로 걸을 때는 50kcal를, 네 발로 걸을 때는 46kcal의 열량을 썼다. 그리고 비슷한 크기의 사람은 13kcal의 열량을 소모했다. 폰처 교수는 침팬지가 두 발로 걸을 때는 사람과 달리 움츠리고 걷기 때문에 더 많은 열량을 소비한 것이라고 설명했다.

치핵, 치루, 치열 이렇게 세 종류로 나눌 수 있다. 항문 안쪽의 혈관이 늘어나 항문 밖으로 밀려난 것이 치핵으로, 보통 지나치게 힘을 주었을 때 생기는 대표적인 증상이다. 한편 치루는 항문 안쪽에 염증이 생겨 곪는 것으로, 샛길이 생겨 그리로 진물이 흐르거나 변이 새기도 한다. 마지막으로 치열은 항문이 찢어져 피가 나오는 증상이다. 주로 변비 때문에 딱딱한 변이 항문을 빠져나오면서 생기기 때문에 남자보다 여자들이 더 많이 걸린다.

그런데 재미있는 것은 이러한 치질이 인류 진화의 산물이라는 것이다. 네 발로 걷는 동물과 달리 사람이 두 발로 직립보행을 하면서 항문이 아래쪽을 향하게 된 것이 그 이유다. 그 결과 중력에 의해 아래쪽으로 혈액이 몰리게 되어 항문 주위의 혈관이 더 높은 압력을 받게 된 것이다. 또한 치질은 현대병으로 불리기도 한다. 현대인들은 책상에 오래 앉아 있는 경우가 많은데, 그 결과 역시 항문 쪽으로 혈액이 많이 몰려 압력이 높아진다. 진화로 생긴 치질이 현대화로 가속화 되고 있는 셈이다.

치질은 여름보다는 겨울에 그 증상이 더 심해지기 쉽다. 기온이 내려가 혈관이 수축되어 배변이 어려워지기 때문이다. 그러니 겨울에는 더욱 항문 관리에 주의해야 한다. 의사들은 치질을 예방하기 위해서는 화장실에 3분 이상 앉아 있지 않도록 배변 습관을 고치고, 따뜻한 물로 좌욕을 하라고 권한다.

그런데 혹시 주위에 유난히 방귀 소리가 큰 사람이 있다면 치질을 앓고 있는 건 아닌지 걱정해 봐야 한다. 치질과 같은 항문질환으로 항문의 통로가 부분적으로 막힌 경우 방귀 소리가 클 수 있기 때문이다.

## 여름 감기는 개도 안 걸린다고?

6월이 넘어서까지 한참을 기침 감기로 고생한 적이 있다. 그때 누구라도 만나 인사라도 나눌 땐 으레 감기 걸리셨냐는 말을 듣게 되고, 나는 다시 으레 답을 하곤 했다.

"하하하, 그러게요. 여름 감기는 개도 안 걸린다는데……."

그런데 나중에 생각해 보니 과학기자로서 이 얼마나 무지한 소리였는지!

감기가 추운 겨울에만 걸리는 게 아니라는 걸 대부분의 사람들은

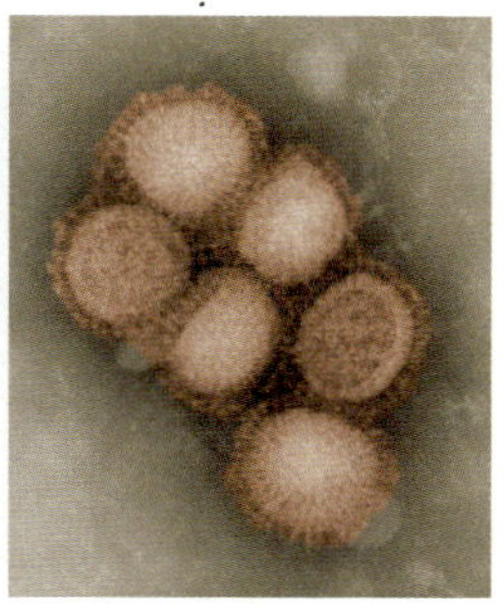

▲ 감기를 일으키는 아데노바이러스(왼쪽)와 RS바이러스(오른쪽)

경험으로 알고 있다. 봄, 가을 환절기에도 걸리고 또 의외로 여름철에도 감기에 걸려 고생하는 사람들이 종종 있다. 그렇다면 감기는 왜 걸리는 걸까? 너무 당연하게도 날이 춥거나 더워서가 아니라 '면역력이 떨어져서' 걸린다.

감기는 바이러스가 일으키는 질병이다. 지금까지 감기를 일으키는 바이러스는 100종 정도가 알려져 있는데, RS바이러스나 리노바이러스처럼 호흡기를 공격하는 바이러스들이 주로 겨울철에 활동한다. 한편 여름철에는 엔테로바이러스와 아데노바이러스처럼 설사나 뇌수막염까지 일으키는 장관바이러스들이 주로 활동한다.

이런 바이러스가 우리 몸에 들어왔을 때 몸의 면역력이 약해진 상태라면 계절에 상관없이 감기에 걸린다. 여름은 삼계탕을 먹어 몸을 보호하자는 삼복이 있을 정도로 무더위에 몸이 약해지기 쉬운 계절이다. 또 실내에 에어컨을 틀어 놓아 안과 밖의 온도차가 큰 경우가 많은데, 5도 이상 차이가 나면 우리 몸은 적응하기 힘들다. 무더위에 지치고 심한 온도차를 경험한 우리 몸은 면역력이 떨어지기 쉽다. 여기에다 덥다고 이불을 차고 자다가 기온이 떨어지는 새벽에 체온도 떨어져 면역력이 약해지고, 찬 음식을 너무 많이 먹다 보면 배탈이 나고, 그 결과 영양분을 제대로 흡수할 수 없어 면역력이 또 약해진다. 이러한 여름철의 특성 때문에 땀이 뻘뻘 나는 여름철에도 우리는 종종 감기에 걸리는 것이다.

감기가 괴로운 점은 감기를 치료하는 약이 없다는 점이다. 워낙 감기 바이러스의 종류가 많아 일일이 백신을 개발하기 어렵기 때문이다. 우리가 먹는 감기약들은 바이러스 자체를 없애는 약이 아니라 열을 낮추고 기침을 줄여 주는 등 감기 증상을 덜어 주는 약일 뿐이다.

면역력이 떨어진 감기의 가장 좋은 치료약은 휴식이다. 그리고 저항력을 키우기 위해 단백질과 비타민을 충분히 섭취하고 적절한 운동을 하는 것은 물론 바이러스에 감염되지 않도록 늘 손을 깨끗이 씻는 습관을 가져야 한다.

## 내 맘대로 안 되는 심장 

우리나라 사람들의 사망원인 중 2위는 바로 심장질환이다. 갑작스런 심근경색이나 심장마비로 운명을 달리한 사람들 이야기가 익숙하게 들려올 정도다. 이렇게 심장질환으로 갑작스럽게 위험해질 수 있는 건 심장이 내 맘대로 안 되는 근육으로 이루어져 있기 때문이다. 내 맘대로 된다면 심장이 멈추려고 할 때 움직이면 되겠지만 그렇게 할 수가 없다.

우리 몸의 근육은 크게 내 맘대로 뇌의 명령에 따라 자유롭게 수축하고 이완시키며 움직일 수 있는 수의근과, 뇌의 명령과는 상관없이 스스로 움직이는 불수의근으로 나눌 수 있다. 수의근에는 손, 발 등의 골격근이 있고, 불수의근에는 심장, 소장, 자궁 등이 있다.

심장은 건강한 성인의 경우 1분에 5리터의 혈액을 내보내는 부지런한 기관이다. 보통 주먹만 한 크기로, 가슴의 왼쪽에 자리잡고 있으며 2심방 2심실로 나누어져 있다. 심장에서 출발한 혈액이 동맥과 모세혈관을 거쳐 온몸에 산소와 영양분을 공급한 뒤, 다시 정맥을 거쳐 심장으로 되돌아온다. 심장이 이런 활동을 끊임없이 하고 있어 우리 몸의 혈액은 계속해서 순환할 수 있는 것이다.

그렇다면 심장은 어떻게 뇌의 명령 없이 끊임없이 움직일 수 있는 것일까? 그 비밀은 '전기'에 있다. 심장의 우심방에는 '동방결절'이라는 박동원이 있다. 동방결절을 이루고 있는 근육세포는 스스로 자극시키는 특수한 세포인데, 이 세포 밖에는 전해질인 칼륨($K^+$), 나트륨($Na^+$), 칼슘($Ca^+$) 이온이 많이 있다. 그러면 전해질의 농도가 높은 세포 밖에서 세포 안으로 이 물질들이 이동하게 되어 결국 세포 안의 전압이 올라가게 된다. 그러면 이러한 전기자극으로 인해 동방결절이 수축을 일으키고, 이 수축이 일정한 통로를 따라 전파되면서 심방과 심실을 수축, 이완 시키면서 심장이 반복적으로 뛰게 된다.

심장에 이상이 없는지를 알고자 할 때 주로 하는 심전도 검사는 이렇게 심장근육에서 발생한 전류가 온몸으로 퍼진다는 것을 이용한 검사다. 몸의 각 부위에 전극을 붙여 전류를 감지하면 그 모습이 파형으로 나타나는데, 이를 통해 혈액의 흐름이나 심장의 이상을 확인할 수 있다.

그렇게 해서 나타나는 그래프가 흔히 병실에 누운 환자들 옆에 있는 모니터로 나타나는 그래프다. 처음 나타나는 P파는 심방이 피를 방출하기 위해 수축하는 것이고, 다음에 짧게 내려갔다가 위로 급격하게 올라가는 부분은 심실이 피를 내놓기 위해 수축하면서 생기는 QRS 콤플렉스다. 그리고 그 뒤에는 심실이 다음 박동을 위해 잠시 쉬는 T파가 나타난다.

## 소리 없는 방귀 냄새가 더 지독하다 

누구나 하는 행동이지만 사람들 앞에서 할 경우 민망하기 그지없는 일이 바로 방귀를 뀌는 것이다. 그래서인지 결혼해서 가장 빨리 가족이 되는 방법은 서로 방귀를 트고 지내는 것이라는 우스갯소리도 있다.

어쨌든 방귀가 괴로운 것은 민망한 소리와 지독한 냄새 때문! 방귀는 장 속에 있던 공기가 항문을 통해 빠져나오는 것인데, 왜 이렇게 소리가 요란하고 냄새도 지독한 것일까?

우리 몸속에서는 하루에 500밀리리터 가까운 가스가 만들어지고, 이 중 200밀리리터 정도의 가스가 장 속에 남아 있게 된다. 바로 이

수소
이산화탄소
세균
세균
메탄가스
메탄가스
메탄가스
메탄가스
메탄가스
음식물 찌꺼기
유황
유황
황화수소
발사
황화수소
뿡~
황화수소
방귀

장 속의 가스가 방귀로 나오는 것으로, 대부분 수소, 산소, 이산화탄소, 질소로 이뤄져 있다. 그런데 가만히 보자. 방귀를 이루고 있는 성분들을 아무리 살펴봐도 특별히 냄새나는 성분은 보이질 않는다. 그야말로 무색무취의 가스들이 아닌가.

무색무취의 가스가 고약한 방귀로 탈바꿈하는 것은 바로 장 속에 살고 있는 세균 때문이다. 일부 세균들이 메탄가스를 만들어 내는데, 바로 이 메탄이나 수소가 음식물 찌꺼기에 들어 있는 유황과 결합하면 고약한 냄새를 풍기는 황화수소가 된다. 그래서 유황이 들어 있는 음식을 먹어 가스에 유황성분이 많아질수록 냄새가 지독한 방귀를 뀌게 된다.

그렇다면 소리 없는 방귀가 정말 더 지독할까? 방귀의 소리는 내뿜는 가스의 양이나 압력 등에 따라 달라진다. 즉 센 압력이 더 큰 소리가 나기 마련이고, 같은 압력이라면 항문의 통로가 좁아졌을 경우 소리가 더 크다. 흔히 치질에 걸려 항문의 통로가 좁아진 사람의 방귀 소리가 더 큰 이유가 이 때문이다. 하지만 방귀 소리와 냄새는 서로 관련이 없다. 또한 방귀를 자주 뀐다고 해서 건강이 나쁜 것은 아니다. 가스를 많이 만드는 전분이나 양파, 양상추, 콩 같은 음식을 많이 먹었기 때문이다. 이런 음식들은 미생물이 분해하기 어려운 성분을 갖고 있어 분해 과정에서 더 많은 가스를 만들어 낸다.

방귀가 수소와 산소를 포함한 가스라면, 방귀도 폭발을 일으킬 수 있을까? 실제로 1970년대 말에 대장 내시경을 위해 '만니톨'이란 관장약을 사용한 환자의 대장이 폭발하는 사건이 있었다고 한다. 만니

톨과 대장 속 세균이 만나면 많은 양의 수소가 만들어지는데, 이 수소가 몸속의 산소와 함께 있는 상태에서 전류를 흘려 폭발이 일어난 것. 지금은 이 때문에 관장약으로 만니톨을 사용하지 않는다고 한다.

## 아킬레스건이 치명적이라고? 

　몇 년 전 영화 〈트로이〉가 개봉되었을 때 뭇 여성들은 브래드 피트의 치명적인 매력에 그야말로 푹 빠졌었다. 〈트로이〉는 에게 해를 중심으로 그리스와 트로이 간의 전쟁을 그린 영화로, 당시 브래드 피트는 주인공인 아킬레우스 역을 맡아 열연했다.

　아킬레스건은 치명적이라는 뜻을 갖고 있는 말이다. 전쟁 당시 아킬레우스는 그리스에 꼭 필요한 전사였지만, 이걸 반대로 생각해 보면 그리스 군은 아킬레우스만 없으면 맥을 못 추는 것과 같았다. 그야말로 아킬레우스는 치명적인 강점인 동시에 약점이었던 것이다.

　그렇다면 우리 몸에 있는 아킬레스건도 치명적일까?

　아킬레스건은 발꿈치뼈에 붙어 있는 굵은 힘줄로, 종아리의 근육과 발뒤꿈치의 뼈를 이어 주는 역할을 한다. 사람이 걸을 때는 맨 먼저 발뒤꿈치가 땅에 닿은 다음 발바닥이 닿고, 그 다음에 발가락을 떼게 된다. 발가락을 떼는 동안 종아리 뒤쪽 근육이 수축하고 이 힘으로 아킬레스건이 발꿈치를 들게 된다. 그러니 아킬레스건이 끊어지면 종아리 근육이 위로 올라가 버려 발꿈치를 들어올릴 수 없어 결국 걷지

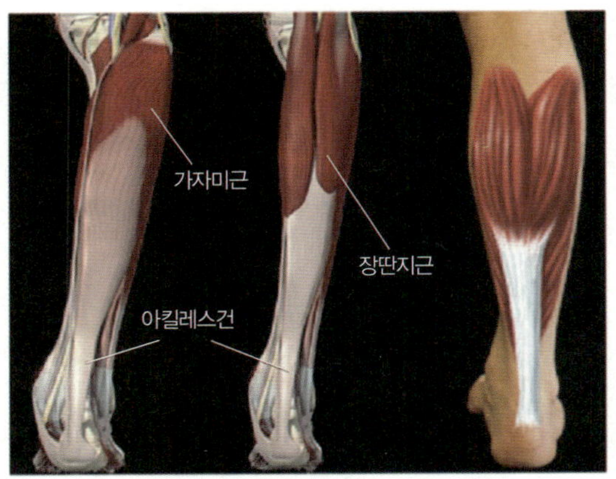



▲ 종아리 근육과 아킬레스건

못하게 된다.

그렇다고 해서 미리 걱정할 필요는 없다. 대부분의 힘줄은 하나의 근육을 뼈에 연결하지만, 아킬레스건은 종아리 뒤쪽의 장딴지근, 장딴지빗근, 가자미근의 세 힘줄이 합쳐져 있다. 그래서 우리 몸에서 가장 굵은 힘줄이며, 몸무게의 10배나 되는 힘을 반복해서 받아도 잘 견딜 정도로 강하다. 평소에 쉽게 끊어질 가능성은 매우 낮다.

하지만 큰 사고를 당하거나 마라톤과 같은 운동을 무리하게 계속할 경우 아킬레스건이 끊어지거나 염증이 생길 수 있다. 옛날에야 이렇게 사고가 나서 아킬레스건이 끊어지면 치명적일 수 있었지만, 지금은 의술이 발전해 끊어진 아킬레스건을 수술로 다시 연결할 수 있다.

운동량이 부족한 사람이 갑자기 운동을 심하게 하면 아킬레스건에 무리가 갈 수 있다. 그러니 평소에도 아킬레스건을 당겼다 놓았다 하고 가벼운 운동을 꾸준히 할 필요가 있다. 치명적인 약점을 만천하에

드러내놓고 살면서도 스트레칭조차 안 한다면 치명적으로 여기지 않는 것이나 마찬가지다. 아킬레우스가 그리스에 큰 힘이 된 인물이었듯, 관심만 가져 준다면 각자의 아킬레스건 또한 우리 삶에 큰 역할을 하게 될 것이다.

참고로 발을 삐었다고 병원을 찾는 경우 대부분은 힘줄이 아니라 인대를 다친 경우가 많다고 한다. 힘줄은 근육의 일부지만, 인대는 근육과는 다른 조직으로, 뼈와 뼈를 연결하며 관절을 보호해 준다.

## 영구는 벽 없~다? 

영구는 바보스러운 몸짓과 행동으로 많은 사람들에게 인기를 끈 캐릭터다. 영구가 하는 말 중에서도 "영구 없다~!"라는 말은 지금도 대부분의 사람들이 알 정도로 유행어가 되었다.

그런데 영구는 정작 무엇이 없다고 말하고 다닌 걸까? 곰곰이 생각해 보니 영구에게 없는 게 있긴 있다. 바로 벽! 영구뿐만 아니라 나 또한 벽이 없다. 영구나 나나 모두 동물이기 때문이다.

사람을 포함한 동물의 몸은 동물 세포로 이루어져 있다. 그리고 꽃이나 나무 등의 식물은 식물 세포로 이루어져 있다. 즉 세포는 생명체를 이루는 기본 단위로, 이 세포가 모여 조직과 기관 등을 이루고 결국 우리 몸 전체를 이루게 된다.

그런데 동물이냐 식물이냐에 따라 세포벽을 갖고 있느냐 없느냐가

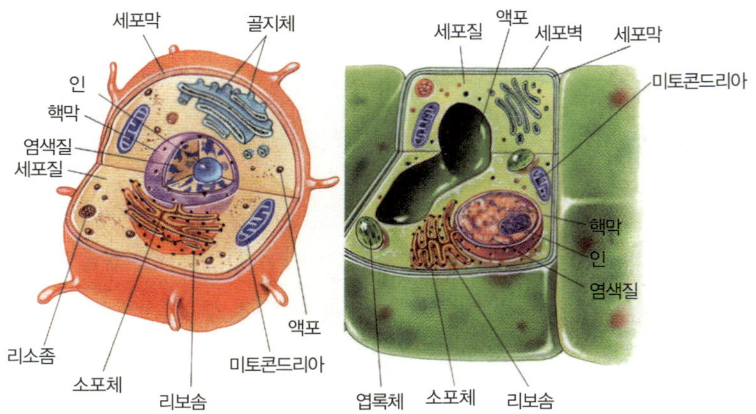


▲ 동물 세포(왼쪽)와 식물 세포(오른쪽)

달라진다. 바로 동물 세포와 식물 세포의 구조가 다르기 때문이다. 식물 세포는 단단한 세포벽이 바깥쪽을 둘러싸고 있고, 그 안에 핵과 미토콘드리아, 액포, 엽록체 등이 들어 있다. 단단한 세포벽은 식물 세포의 형태를 유지하는 역할을 한다. 한편 동물 세포는, 세포벽 없이 세포막에 둘러싸여 있고, 그 안에 핵과 미토콘드리아, 골지체 등이 들어 있는 형태다.

식물 세포의 세포벽은 1665년 처음으로 관찰되었다. 로버트 훅(1635~1703)이 직접 만든 현미경으로 코르크 조각을 관찰하다가 여러 칸으로 나눠진 모양을 발견하고, '작은 방'이라는 라틴어에서 따와 '세포(cell)'라고 이름 붙였던 것. 이것이 최초로 발견된 세포의 모습으로, 방처럼 나누어진 것이 세포벽이었다는 사실이 후에 밝혀졌다.

여기에 재미있는 상식이 하나 더 있다. 식물의 세포벽은 중력이 없는 우주에서는 무용지물이다. 즉 중력이 없는 상황에서는 굳이 세포를 지탱할 필요가 없다. 그래서 식물을 우주로 가져가면, 식물의 세포 벽은 점점 얇아지게 된다.


## 내 몸에 발전소 있다? 

퀴즈 하나. 누구나 몸에 가지고 있는 것으로, '이것'이 없으면 우리는 2분 이상 살 수 없다. 여기서 '이것'은 뭘까?

우리가 2분 이상 살 수 없는 경우라면 대체 우리 몸에서 뭐가 일어나지 않는 경우일지를 생각해 보면 된다. 그건 바로 '에너지 대사'다. 그렇다면 이제, 에너지 대사가 일어나는 데 꼭 필요한 것을 생각해 보면 된다. 정답은 바로 '미토콘드리아'다. 앞에서 나왔듯이 미토콘드리아는 식물 세포나 동물 세포 모두에 들어 있는 기관이다. 그만큼 어떤 생물이든 꼭 필요로 하는 기관이라는 뜻이다.

그런데 어떻게 세포 속에 있는 길쭉하고 쭈글쭈글한 모양의 미토콘드리아가 에너지를 생산하는 걸까?

우리는 걷고 말하고 움직이는 등 끊임없이 생명 활동을 하며 살아가고 있다. 그리고 이렇게 살아가기 위해서는 에너지가 필요하고, 그래서 음식을 먹는다. 우리가 먹은 음식은 소화 과정을 거쳐 포도당으로 분해되어 장에서 흡수된다. 이렇게 흡수된 포도당은 세포 속에 있는 미토콘드리아 안으로 들어간 뒤, 복잡한 대사 과정을 거쳐 우리 몸의 에너지원인 '에이티피(ATP)'를 만들어 낸다.

ATP
ATP
미토콘드리아
포도당
포도당
포도당

## 미토콘드리아는 따로 논다?

세포 속에 있는 미토콘드리아는 우리 몸에 필요한 에너지를 만들면서도 꿋꿋하게 독립적인 면을 유지해 왔다. 바로 자신의 DNA를 따로 가지고 있는 것. 자신이 속한 세포와 그야말로 '따로 노는' 것이다. 과학자들은 이것이 공생의 결과라고 이야기한다. 즉 지구에서 생명이 탄생되던 초기에 핵을 가지고 있던 박테리아가 다른 박테리아를 포획했고, 그 결과 포획된 박테리아가 미토콘드리아가 되었다는 것이다. 이러한 과정을 '세포내공생'이라고 부르며, 두 박테리아가 합쳐지는 게 서로 이득이 되었기 때문으로 보인다. 생명체 탄생 초기에 일어난 이 공생은 10억 년이 지난 오늘날까지 계속되어 오늘날 생명체에게 에너지를 공급하고 있으니, 그야말로 최적의 공생이 아닐 수 없다.

이렇게 미토콘드리아가 에너지를 만들어 내는 속도, 즉 대사 속도는 한창 성장하는 어린이나 청소년들이 더 빠르다. 대사 속도가 빠를수록 심장이 빨리 뛰고 호흡이 가빠지며 음식도 자주 먹게 된다. 쑥쑥 자라는 아이들에겐 더 많은 에너지가 필요하기 때문에 미토콘드리아도 바쁘게 에너지를 만들어 내는 것이다. 그러니 한창 자라는 청소년들이 돌아서면 배가 고프다고 말하는 것은 과장이 아니다.

재미있는 것은 화를 잘 내고 성격이 급한 사람일수록 미토콘드리아 대사 속도가 빠르다는 사실! 여유롭고 느긋한 사람이 장수한다는 사실을 기억한다면 미토콘드리아 대사 속도가 지나치게 빨라지지 않도록 주의해야 하겠다.

생명공학이 빠르게 발전하면서 언제부턴가 DNA, 유전자, 진(gene) 등 생명공학 용어들을 자주 듣게 되었다. 그런데 문득 드는 생각. 'DNA하고 유전자하고 같은 말 아냐?', '진(gene)이 DNA하고 무슨 관계지?', '대부분의 용어가 다 그냥 유전자라는 뜻 아닌가?'

생각난 김에 차근차근 이 복잡한 용어들의 관계를 일목요연하게 정리하고 넘어가자.

앞서 우리 몸이 60조~100조 개라는 엄청난 세포로 이뤄져 있다는 걸 알아보았다. 이 세포들은 각각 하나의 핵을 가지고 있는데, 이 핵 안에는 46개의 염색체가 들어 있다. 그리고 이 염색체를 이루고 있는 것이 바로 DNA로, 염색체는 DNA가 빽빽하게 꼬아져 있는 막대기 모양의 물질인 셈이다. DNA는 아데닌(A), 티민(T), 구아닌(G), 시토신(C)이라는 네 종류의 염기가 짝을 이루어 꼬여 있는 이중나선구조를 하고 있다. 이 염기들은 A와 T, G와 C가 짝을 이루는데, 이런 짝들이 어떤 순서로 배열되어 있느냐가 유전 정보가 된다.

이 유전 정보는 생체 조직을 만드는 데 기본이 되는 단백질

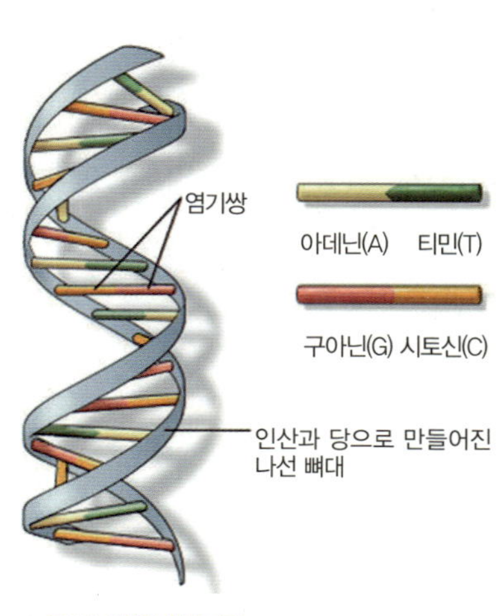


▲ DNA 이중나선구조

## DNA 길이는 얼마나 될까?

작은 세포, 그 세포 안에서도 핵 안에 들어 있는 DNA. 빽빽하게 꼬여 염색체를 이루고 있는 DNA의 길이는 얼마나 될까? 놀랍게도 하나의 세포에 들어 있는 DNA 이중나선구조를 풀면 2미터가 조금 못 되고, 모든 세포에 들어 있는 DNA를 이을 경우, 지구에서 태양까지 500번을 왕복할 수 있는 길이라고 한다! 그러니 만약 DNA가 지금처럼 배배 꼬여 있지 않았다면 우리 몸속 세포 안에 들어가는 건 꿈도 못 꿨을 일이다.

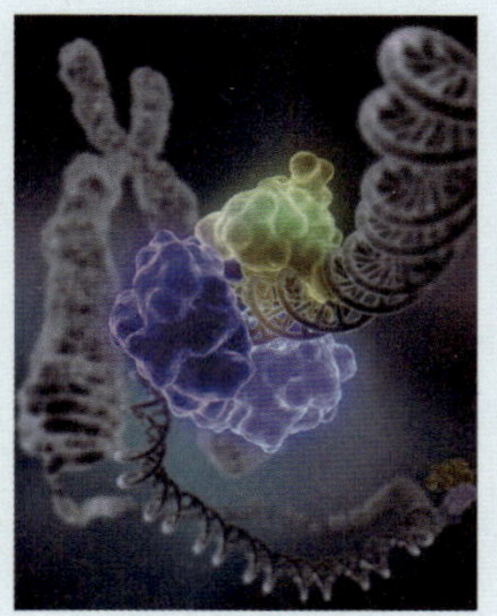

을 만드는 설계도가 된다. 이때는 꼬여 있던 구조가 풀리면서 복제가 일어나 전령알엔에이(mRNA)가 만들어지고, 복제된 mRNA의 정보에 따라 필요한 아미노산이 합성된 뒤, 그 아미노산이 모여 단백질을 이루는 과정을 거친다. 이것을 '센트럴 도그마(Central Dogma)'라고 한다. 그런데 이때 DNA의 모든 부분이 단백질을 만드는 데 이용되는 것은 아니다. 단백질을 합성하도록 발현되는 부분을 '엑손(exon)'이라고 하고, 발현되지 않는 부분을 '인트론(intron)'이라고 하는데, 단백질 합성 과정에서 효소에 의해 엑손만 모아지는 '스플라이싱(splicing)'이 일어나게 된다. 즉 필요한 유전 정보를 담고 있는 부분은 바로 '엑손'으로 이 부분이 'gene'에 해당한다.

정리하자면, 1개의 DNA는 빽빽하게 꼬여 1개의 염색체를 이룬다. 이 DNA 중 일부분으로 단백질을 만들 수 있는 정보를 갖고 있는 부분이 바로 gene이다. 게놈(genome)은 gene과 염색체(chromosome)의 합성어로 유전 정보 전체를 뜻하는 말이다.

원고를 쓰느라고 무리한 탓일까? 내 입술이 그만 부르터 버렸다. 괜찮다가도 피곤하다 싶으면 이렇게 종종 입술이 부르튼다. 왜 내 입술은 반복해서 부르트는 걸까?

그건 바로 바이러스 때문이다. 바이러스란, 핵산과 이를 보호하는 단백질로 이루어진 미생물로, 숙주가 되는 생물에 기생해서만 번식할 수 있는 특징이 있다. 바이러스는 종류에 따라서 핵산으로 DNA를 갖고 있거나 RNA를 갖고 있는 것으로 나뉜다. 기본적으로는 숙주 세포에 들어가 모든 기능을 자신을 복제하도록 바꾸어 놓고, 그 결과 만들어진 핵산과 단백질을 모은 뒤 조립해서 숙주 세포를 빠져나와 퍼지는 과정을 따른다. 그 결과 숙주 세포는 손상을 입어 죽게 된다.

그런데 바이러스 중에 외피(envelope)를 가지고 있을 경우, 숙주 세포가 죽지 않을 수도 있다. 이 외피에는 당단백질이 튀어나오듯 달려 있는데, 이 외피가 숙주세포 세포막과 접속(fusion)해서 들어가고, 숙주 세포의 기관을 이용해 다시 새로운 외피를 만든다. 이때 만들어진 외피는 세포막에 달라붙어 있게 되고, 숙주 세포 안에서 복제된 외피 없는 바이러스는 숙주 세포를 빠져나오면서 이 새 외피를 얻게 된다.

크흐흐……. 우리와 한번 함께한 이상 평~생 함께야!
피곤하지 않는 게 최선이니까 몸 관리 잘 하란 말이지.

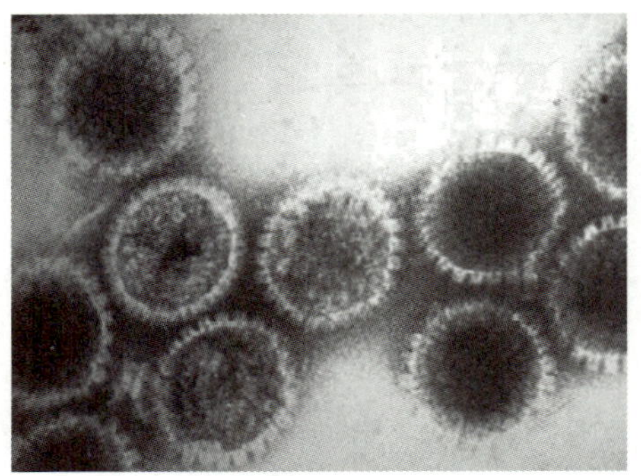
▲ 헤르페스 바이러스의 전자현미경 사진

내 입술에 물집을 만든 것도 외피를 가지고 있는 바이러스의 하나인 헤르페스 바이러스다. 다만 헤르페스 바이러스는 숙주의 세포막이 아니라 핵막을 이용해 자신의 외피를 만든다. 그래서 핵 안에 머무는 동안 헤르페스 바이러스 DNA는 숙주 세포의 유전 정보로 간주되면서 숨어 있을 수 있게 된다. 이런 형태를 '프로바이러스(provirus)'라고 한다.

하지만 신체적인 피로나 감정적인 스트레스 등을 받게 되면 숙주 세포의 유전 정보에서 헤르페스 프로바이러스가 삭제되면서 헤르페스 바이러스가 재생산된다. 그리고 그 결과 입술에 물집이 생기는 것이다.

헤르페스 바이러스는 점막을 통해 감염되는데, 한번 감염되면 완치되지 않는다. 마치 첫사랑의 추억이 깃든 장소를 갈 때마다 마음이 아픈 것처럼, 피곤할 때마다 일정한 곳에서 물집으로 그 존재를 드러낸다. 평~생 동안!

## 우성이 열성보다 뛰어나다고?

찰랑거리는 머리를 자랑하는 샴푸 광고 속의 모델을 보고 있노라

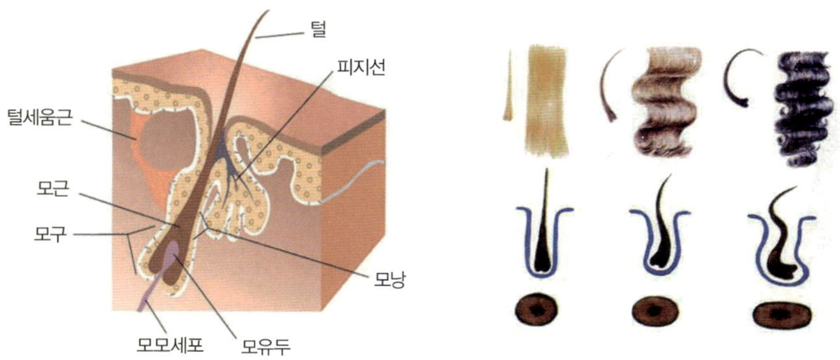


▲ 모발의 구조(왼쪽)와 모낭의 모양에 따른 머리카락 모양(오른쪽)

면 풍성하고 검은 머리색과 더불어 쭉 뻗은 직모가 부럽기 그지없다. 아마 나를 비롯해 대부분의 곱슬머리 사람들은 직모인 사람들을 부러워한 경험이 있을 것이다. 왜 하필 내 머리는 곱슬머리일까?

사람의 머리카락은 흔히 생머리라고 부르는 직모와 곱슬머리로 나뉜다. 머리카락은 단백질의 하나인 '케라틴'으로 이루어져 있으며 두피의 모낭에서 자라 나온다. 직모냐 곱슬머리냐는 바로 이 모낭의 모양과 케라틴의 생성 속도에 의해 결정된다.

직모의 모낭은 모양이 곧고 둥글지만 곱슬머리는 모낭이 작은 타원형으로 비틀어져 있다. 또한 케라틴이 일정한 속도로 만들어지면 직모가 되고, 그 속도가 불규칙하면 곱슬머리가 된다. 그러니 직모냐 곱슬머리냐는 태어날 때부터 이미 정해진 것이다. 즉 유전의 결과다.

유전은 부모 세대가 갖고 있는 특정한 형질이 자식 세대로 이어지는 현상이다. 형질이란 키, 혈액형, 머리카락 색깔에서부터 꽃 색깔, 잎 모양 등 생물이 갖고 있는 모양과 성질을 말한다. 이러한 형질에는 서로 대립되는 특성을 갖고 있는 경우가 있다. 곱슬머리와 직모, 쌍꺼풀과 외꺼풀, 검은색 머리와 금발이 대표적인 예다.

그런데 이런 형질 사이에서는 우열의 관계가 드러난다. 곱슬머리와 직모의 유전 형질을 갖고 있는 부모가 낳은 자식에게서는 곱슬머리가 나타난다. 이때 곱슬머리를 우성으로, 직모가 열성으로 유전됐다고 말한다. 검은색 머리, 쌍꺼풀도 우성이며, 반대로 금발과 외꺼풀은 열성이다. 즉 우성과 열성은 잡종 세대가 이어질 경우 유전 형질이 드러나느냐 드러나지 않느냐에 의해 결정된다.

그러니 흔히 우열반을 말하듯 우성과 열성을 말하는 것은 옳지 않다. 우성과 열성은 둘 중 어느 것이 우월하거나 열등하다의 뜻이 아니라 두 유전자가 공존할 때 어느 유전자의 형질이 발현되느냐를 구분하는 것일 뿐이기 때문이다. 실제로 대머리와 육손은 우성이고, 푸른 눈과 금발은 열성이다. 우리 모두가 공유하는 사회적인 판단 기준과 생물학의 우성과 열성은 그 기준이 다른 것이다.

## 내 목소리가 이상하다? 

우연히 자신의 목소리가 녹음된 것을 듣게 되면 대부분의 사람들은 깜짝 놀란다. 녹음기를 통해 흘러나오는 목소리가 평소 자신의 목소리와 다르다고 느껴지기 때문이다. 왜 녹음기를 통하면 내 목소리가 달라지는 걸까? 하지만 이건 틀린 생각이다. 녹음기를 통해도 내 목소리는 달라지지 않는다. 이건 자신 말고 다른 사람의 목소리를 녹음해 들어보면 알 수 있다. 다른 사람 목소리는 녹음해서 들어도 평소와 거의 똑같기 때문이다.

목소리는 허파의 호흡으로 생긴 공기의 흐름이 목에 있는 성대를 진동시켜 만들어진다. 성대가 떨리면서 음파가 만들어지고 이 음파가 인두강과 입을 거쳐 밖으로 나오는 것. 이때 허파를 '발생기', 성대를 '진동기', 인두강을 '공명기', 입 안(구강)을 '발음기'라고 한다. 즉 목소리는 발생기, 진동기, 공명기, 발음기라는 네 기관이 함께 만들어 내는 것이다. 이렇게 만들어진 다른 사람의 목소리는 공기를 통해 우리 귀로 전해지게 된다.

하지만 내 목소리는 이렇게 만들어진 소리에 내 두개골의 빈 공간에서 울리는 소리와 내 뼈에서 울리는 소리를 함께 듣게 된다. 즉 다른 사람과는 다른 과정을 더 거치기 때문에 혼자만이 들을 수 있는 목소리를 듣고 있는 것이다. 그리고 다른 사람은 결코 나만이 듣고 있는 목소리를 들을 수 없다.

다른 사람의 목소리도 다르게 들릴 때가 있다. 바로 마이크를 이용했을 때다. 마이크를 이용하면 목소리의 음파가 진동판을 진동시켜 소리를 전기신호로 바꾼다. 이 전기신호가 전달되어 스피커에 있는 울림판을 진동시키고, 그 결과 실제 목소리보다 더 큰 목소리가 만들어진다. 이러한 과정을 거치기 때문에 마이크를 이용하면 평소의 목소리와 조금 다르게 들리게 된다.

그런데 목소리가 똑같은 사람이 있을까? 목소리를 내는 가장 중요

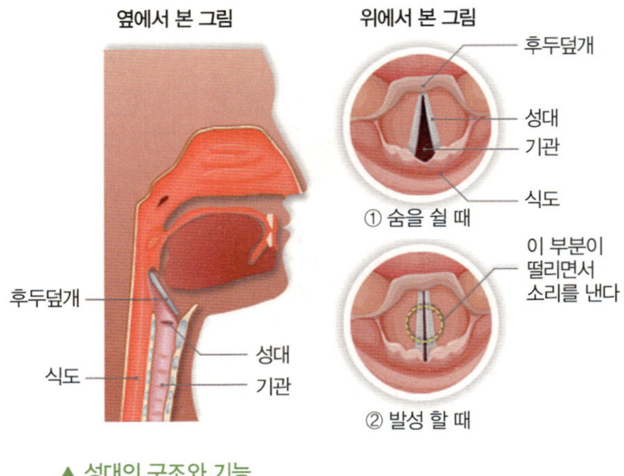



▲ 성대의 구조와 기능

한 기관인 성대는 보통 1~2.5센티미터로 사람마다 다른데, 성대의 길이에 따라 성대에서 만들어 내는 음파가 달라져 결국 목소리의 크기나 높이가 달라진다. 물론 성대의 길이가 같더라도 성대에서 만들어진 음파가 인두강을 거쳐 밖으로 나오는 과정에서 공명 현상을 일으키기 때문에 목소리는 달라진다.

그렇다면 텔레비전에서 성대모사를 그럴듯하게 하는 사람들은 어떻게 비슷한 목소리를 내는 걸까? 성대모사를 할 때는 흉내 내려는 사람과 비슷한 성대의 떨림을 만들어 내는 것이 기본이다. 여기에 발음 습관이나 입 모양 등 그 사람만의 특징까지 비슷하게 해서 목소리를 낸다. 따라서 성대모사를 잘하는 사람은 성대 근육이나 후두, 인두 모양을 자유롭게 조절하는 능력이 뛰어나다고 할 수 있다.

하지만 앞서 말했듯이 성대모사라 하더라도 완전히 똑같은 목소리를 내긴 어렵다. 목소리가 들리기까지 인두강, 비강 등 복잡한 과정을 거치기 때문이다. 그래서 성대모사를 할 때는 목소리 말고도 독특한

억양이나 발음을 흉내 내서 전체적인 특징을 강조하는 경우가 많다.

## 숨 쉬는 것도 내외한다?

내 몸이 조선시대의 '남녀칠세부동석'을 따르는 것도 아닌데 내외라니? 물론 여기서 말하는 내외는 부끄러워하는 내외가 아니다. 숨 쉴 때 내 몸 안에서 일어나는 내외다. 그러니 내외가 일어나는 속사정을 알려면 왜 우리는 호흡을 해야 하는지부터 이해해야 한다.

숨을 쉬어 호흡을 해야 하는 이유는 간단하다. 바로 살기 위해서다. 숨을 쉬지 못하면 우리는 얼마 가지 않아 죽는다. 그렇다면 왜, 숨을 쉬지 못하면 죽는 걸까? 숨을 쉬지 못한다는 것은 공기 중의 산소를 우리 몸으로 받아들이지 못한다는 것이다. 산소가 우리 몸으로 공급되지 못한다면? 우리 몸은 움직이는 데 필요한 모든 에너지를 만들지 못한다.

산소는 우리 몸에서 에너지 대사에 꼭 필요한 물질이다. 음식물로 영양분을 섭취한다 해도 산소가 없으면 그야말로 무용지물. 반드시 산소가 있어야 영양소를 에너지원으로 만들어 우리 몸의 대사를 유지할 수 있다. 그래서 우리 몸은 끊임없이 숨을 쉬어 산소를 들이마시고, 산소를 이용해 에너지를 만드는 과정에서 생기는 이산화탄소와 노폐물을 내놓는다.

호흡은 코, 기관, 기관지, 폐를 거쳐 일어난다. 코를 통해 들어간 공

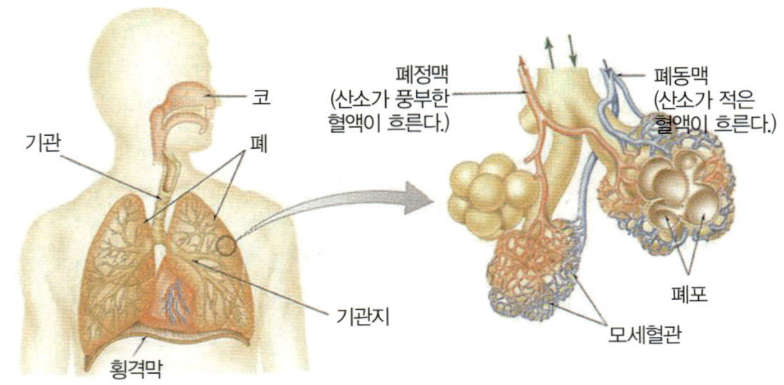


▲ 외호흡과 내호흡

기는 기관과 기관지를 통해 폐까지 가고, 폐에 있는 꽈리 모양의 폐포에서 혈액과 공기의 교환이 일어난다. 폐포에서 혈액과 공기의 교환이 일어나는 것은 폐포가 수많은 모세혈관으로 둘러싸여 있기 때문이다. 즉, 들숨에서 들이마신 산소는 폐포에서 모세혈관으로 이동하고, 그 결과 혈액을 타고 몸속을 흐르다가 산소를 필요로 하는 조직세포로 들어간다. 세포에서는 산소를 이용해 에너지를 만들고, 그 결과 생긴 이산화탄소가 혈액을 타고 모세혈관으로 와서 다시 폐포로 들어간다. 그러면 날숨을 통해 이산화탄소는 밖으로 나오게 된다. 이때 산소를 갖고 세포로 들어가는 혈액을 동맥혈, 이산화탄소를 갖고 폐로 들어가는 혈액을 정맥혈이라고 한다.

이러한 호흡의 과정에서 폐포와 모세혈관 사이에서 일어나는 기체 교환을 외호흡이라 하고, 조직세포와 모세혈관 사이에서 일어나는 기체 교환을 내호흡이라고 한다. 그러니 호흡에서의 내외는 남녀 간에 하는 내외와는 분명 다르다. 하지만 호흡을 하는 단계에 구별을 둔 것이니, 남녀 간에 구별을 짓는 것으로 내외를 본다면 조금은 비슷하다고도 하겠다.

　한창 중요한 회의를 하고 있을 때 나도 모르게 자꾸 하품이 나온다면 이보다 더 난처할 수가 없다. 졸리거나 지루하다는 표시이기 때문이다. 이처럼 피곤하거나 졸릴 때, 또는 지루할 때 나도 모르게 저절로 입이 벌어지면서 나오는 하품. 사람이 하품을 왜 하게 되는지 아직까지 과학적으로 명확하게 밝혀지진 않았다. 다만 우리 몸이 대사를 하는 과정에서 많은 양의 이산화탄소가 발생했을 때, 이산화탄소를 한꺼번에 배출하고 부족한 산소를 들이마시기 위해 일어나는 작용으로 알려져 있다. 또한 흥미가 없거나 지루한 것도 하품이 나오는 이유로 보고 있다.

　그런데 하품이 더욱 난처해지는 건, 하품할 때 함께 나오는 눈물 한 방울! 슬픈 것도 아닌데, 왜 하품을 하면 눈물이 나는 걸까?

　눈물은 눈가에 있는 눈물샘 등에서 만들어지는 액체로, 항상 눈에 조금씩 흐르면서 먼지를 씻어내고 있다. 또한 산소를 각막에 공급하며, 세균이 눈으로 침입하는 것을 막아 주는 역할도 한다. 그런데 하품을 하면 입이 벌어지는 것과 동시에 얼굴의 근육이 움직이면서 눈물주머니를 누르게 된다. 그 결과 눈물주머니에 고여 있던 눈물이 흘러나오게 되는 것이다.

　또한 하품을 할 때는 귀가 갑자기 멍해지면서 소리가 잘 들리지 않게 되는 경우가 있다. 이건 얼굴 근육이 움직이면서 귀의 고막 안쪽에 있는 유스타키오관이 열렸기 때문이다. 유스타키오관은 중이와 입을 연결하는 관으로, 귀의 압력을 조절하는 역할을 한다. 하품을 하면서

▲ 〈다림질하는 여인〉, 에드가 드가

유스타키오관이 열리면 공기가 이동하면서 중이와 입 안쪽의 기압이 같아지도록 중이 안쪽의 기압이 변하게 된다. 그 결과 중이의 청각 세포들이 혼란을 겪으면서 순간적으로 멍해지거나 소리가 작게 들리게 된다. 하지만 곧 변화된 기압에 청각 세포들이 적응하면 다시 제대로 소리가 들린다. 마치 비행기를 타고 높은 곳에 올라갔을 때 기압 변화를 겪는 것과 비슷하다.

재미있는 것은 하품을 해서 나오는 눈물이냐 슬퍼서 흘리는 눈물이냐에 따라 눈물의 성분이 조금씩 다르다는 것. 그러니 지루한 영화를 보다 하품해서 흘린 눈물을 감동받아 흘린 눈물이라고 우기는 것은 심정적으로뿐만 아니라 과학적으로도 양심에 찔리는 일이다.

## 밥은 뇌가 먹는다?

"밥은 입이 먹고, 위는 소화시키는 거 아닌가?"

하지만 사실 알고 보면 밥은 뇌가 먹는다고 할 수 있다. 밥을 먹고 싶다는 생각과 먹겠다는 행동 등 모든 명령을 내리는 게 뇌이기 때문이 아니다. 우리 몸에서는 뇌가 대부분의 밥을 진짜로 먹고 있기 때문이다.

우리는 음식을 통해 탄수화물, 단백질, 지방 등을 섭취해야만 살아갈 수 있다. 이런 영양소들이 몸의 세포가 살아가고 몸이 움직이는 데 필요한 에너지원이 되기 때문이다. 특히 뇌는 사고하고 판단하는 엄청난 양의 정보 처리를 맡고 있기 때문에 많은 에너지가 필요한데 그 에너지를 주로 단맛을 내는 포도당에서 얻는다. 뇌의 활동에 쓰이는 에너지원은 포도당이 60~70퍼센트를 차지한다니, 뇌가 밥을 먹는다고 해도 과언이 아니다.

게다가 단맛은 뇌에서 '오피오이드(opioids)'라는 호르몬이 나오도록 만든다. 오피오이드는 기분을 좋게 만들고 통증을 줄여 주는 물질이다. 그래서 단맛이 나는 초콜릿이나 사탕을 먹으면 기분이 좋아지는 효과를 얻을 수 있다. 그래서일까? 좋아하는 사람에게 사랑을 고백할 때도 달콤한 초콜릿이나 사탕을 선물한다.

사람이 단맛을 좋아하는 이유는 진화론에서도 찾아볼 수 있다. 선사시대 때부터 살아남기 위해 쓴맛을 내는 독초를 피하고, 단맛을 내는 열매를 먹도록 진화했다는 것이다. 단맛이 난다는 건, 우리 몸에 필요한 영양소를 갖고 있다는 하나의 신호라고나 할까? 그러니 단맛은 생존과 사랑을 얻기 위한 본능이라고 할 수 있겠다.


## 변성기는 남자만 온다고?

중학교에 올라간 뒤 오랜만에 초등학교 때 좋아했던 남학생을 만난 적이 있었다. 키도 크고 훤칠해진 외모가 꽤 괜찮아 서둘러 반가운 인사를 건넸는데……. 그런데 이게 웬일? 그 맑던 목소리는 어디로

아니, 이럴 수가!
예전엔 영희 목소리가 꾀꼬리
같아서 내가 반했었는데
할머니가 되더니 남자 목소리가
됐네!
부웅~
철수야~
이게 몇 십 년
만이야~

가고 괄괄하고 두터운 목소리가 들리는 게 아닌가! 그런데 더 놀라운 건, 오히려 나보고 목소리가 변한 것 같다나? 나는 여자라 변성기도 안 겪는데, 내 목소리가 변했다니!

사춘기가 되면 남녀 모두 성호르몬 분비가 왕성해지면서 2차성징이 나타나기 시작한다. 목소리를 만들어 내는 후두도 성호르몬에 영향을 많이 받는 기관이기 때문에 목소리도 달라진다. 남자는 후두가 앞뒤로 빠르게 자라면서 성대의 길이도 1센티미터 정도 자란다. 그 결과 성대 앞쪽의 갑상연골이 툭 튀어나온다. 이것이 흔히 '목젖'이라 부르는 '후두융기(후골)'이다. 그 결과 목소리가 굵직해지는 변화를 겪는다.

그런데 이런 변성기는 남자뿐만 아니라 여자에게도 찾아온다. 다만 남자와 달리 여자는 후두와 성대가 앞, 뒤, 위, 아래로 골고루 조금씩 천천히 자라게 된다. 성대는 남자의 반인 0.5센티미터 정도 자라는데, 후두와 성대가 전체적으로 같이 자라기 때문에 남자처럼 갑상연골이 튀어나오진 않는다. 그래서 여자는 사춘기에 약한 변성기를 겪으면서 눈에 띄지 않을 정도로 목소리가 약간 굵어질 수 있다. 그러니 고작 반음계 정도 낮아진 내 목소리의 변화를 알아챈 그때 그 친구는 귀가 아주 예민했음이 틀림없다.

재미있는 것은 후두가 성호르몬의 영향을 받기 때문에 나이를 먹어 성호르몬의 분비가 줄어들면 또다시 목소리가 변한다는 것. 남자는 성대가 얇아지면서 목소리가 높아지고, 여자는 성대가 굵어지면서 낮은 목소리가 난다. 종종 할머니들 중에서 남자 같은 목소리를 내는 경우를 발견하게 되는 이유가 바로 이 때문이다.

동물원의 인기가 예전만 못한 것 같다. 볼거리가 많지 않았던 예전에는 동물원 나들이가 특별한 경험이었지만, 볼거리가 많아진 요즘 동물원은 특별히 새로운 동물이나 쇼가 있지 않다면 조금 시들하기까지 하다. 하지만 동물원이 시들한 건 동물 자체가 시들해서는 아니다. 자세히 알고 보면 재미있는 이야기들이 많지만 이를 무심코 지나치기 때문에 흥미롭지 않은 듯 보이는 것이다. 동물들이 시들해서가 아니라 사람들의 시선이 시들하기 때문이란 얘기다. 그러니 이제부터 동물원에서 찾을 수 있는 생물 이야기에 귀를 기울여 보자.

PART 3
동물원에서 궁금한
생물 이야기
공원

　흔히 머리가 나쁜 사람을 '새대가리'라고 부른다. 그런데 정말 새들은 머리가 나쁠까? 사람들에게 '대가리'라는 말을 들을 정도로?

　지난 2007년에 동영상 사이트로 유명한 유투브에는 재밌는 동영상 하나가 올라왔다.  미국의 한 대학생이 까마귀 자판기를 만들겠다며 그 계획과 함께 실제 까마귀 자판기를 설치해 놓은 모습을 보여 준 것이다. 그 기발하고 재밌는 아이디어에 사람들은 폭소와 함께 박수를 보냈다. 그런데 과연 이런 까마귀 자판기가 가능한가?

　까마귀 자판기의 원리는 까마귀를 학습시켜 동전을 물어오면 먹이를 먹을 수 있도록 해서, 사람들이 떨어뜨린 동전을 모으겠다는 것이었다. 이를 위해 먼저 '스키너 상자'의 원리를 이용해 까마귀를 학습시켰다. 즉 특정한 행동을 해야 먹이를 먹을 수 있다는 사실을 학습하도록 처음에는 땅콩에 동전을 섞어 놓았다. 그러자 까마귀들은 습성대로 동전을 부리로 집어 떨어뜨리면서 땅콩만을 골랐다. 이런 행동이 반복되자 결국 까마귀들은 동전을 특정한 곳으로 넣어 떨어뜨려야 먹이를 먹을 수 있다는 것을 학습하게 되었다.

　그런데 잠깐. 까마귀도 일종의 새인데, 이런 학습이 가능할 정도로 똑똑할까? 사실 새들의 지능이 사람들이 생각하는 것보다 더 높다는 연구가 종종 발표되어 왔다. 특히 새 중에서도 까마귀과 새들은 지능이 높기로 유명하다.

　실제 옥스퍼드 대학교에서 실험한 까마귀 베티는 좁은 통에서 먹이를 꺼내 먹기 위해 철사를 구부려 사용할 줄 알았다. 또한 종이에 싸인 먹이는 물에 불려 먹거나, 나무구멍에 들어 있는 벌레를 잡아먹기 위해 나뭇가지로 구멍을 쑤시기도 했다. 까마귀과에 속하는 어치는 먹이가 죽 늘어서 있는 먹이통에서 상한 것을 피해 먹이를 골라 먹을 줄도 안다. 먹이를 놓아둔 장소뿐만 아니라 시간도 기억하고 있는 것이다. 게다가 까마귀과 새들은 호두 같은 딱딱한 먹이는 하늘로 물고 올라가 떨어뜨려 깨뜨린 뒤 먹을 줄도 안다. 더욱 놀라운 건, 얼마나 높이 올라가 떨어뜨려야 하는지도 알고 있다는 것!

▲ 도구를 이용하는 까마귀

　사실 새들의 머리가 좋다는 건 우리 속담에도 잘 나타나 있다. '까치가 울면 반가운 손님이 온다'는 속담이 바로 그것. 이 속담은 까마귀과의 텃새인 까치가 평소에 주변에 살고 있는 사람들의 얼굴을 기억하고 있어서 낯선 사람이 마을로 들어오면 경계를 하기 위해 울음을 운 데서 비롯되었다.

　도구를 만들고, 기억력이 뛰어나고, 심지어 대상을 구분할 줄도 아는 새. 새들의 입장에서 보면, '새대가리'라고 비하해 부르는 건 머리

나쁜 인간들이 만들어 낸 답답한 별명일 것이다.

## 암컷이냐 수컷이냐 온도가 문제로다? 

"아들이 뭐가 좋니? 요즘은 딸이 대세야, 딸이."

우리나라는 '남존여비사상' 때문인지 오래전부터 딸보다 아들을 선호하는 풍조가 있었던 게 사실이다. 그런데 얼마 전부터 젊은 사람들을 중심으로 아들이냐 딸이냐를 나눠 선호하지 않는 데다 심지어 이제는 딸이 더 좋다는 사람들이 늘고 있다. 사람들의 깊은 속내야 정확히는 모르겠지만 적어도 겉으로는 아들에 대한 선호는 줄어드는 추세인 듯싶다.

사실 염색체로 보자면 여자가 더 나은 건 맞는 말이다. 남자의 성염색체는 XY, 여자는 XX인데, 여자는 같은 X가 두 개라서 X에 손상이 생기면 다른 하나가 이를 보완해 줄 수 있다. 하지만 남자는 X, Y가 하나씩이라 손상이 생겨도 보완해 줄 수 없다. 여자에 비해 좀 더 취약한 구조인 것이다. 그래서인지, 남녀의 평균 수명만을 보면 어느 나라건 여자가 더 높다.

그런데 이런 성별 구분이 파충류에선 좀 흥미롭게 전개된다. 이미 낳은 알이 어떤 기온에 놓여 있느냐에 따라 암컷, 수컷이 달라지는 것이다. 바다거북은 섭씨 30~35도에서 알이 부화되면 모두 암컷이 되지만, 낮은 온도인 섭씨 20~22도에서 부화되면 모두 수컷이 된다.

딸 아이가 많았으면
좋겠는데…….
걱정 마,
내가 섭씨 34도까지
온도를 올려 두면
모두 딸로 태어나게
할 수 있어.

반대로 악어의 하나인 앨리게이터는 높은 온도에서는 수컷이 되고 낮은 온도에서는 암컷이 된다. 그렇다면 파충류들은 성염색체의 영향을 전혀 받지 않는다는 얘긴가?

턱수염 도마뱀의 경우를 살펴보자. 수컷 턱수염 도마뱀은 ZZ라는 성염색체를, 암컷은 Z라는 성염색체를 갖고 있다. 알이 섭씨 22~32도에서 부화되면 암컷과 수컷의 비율이 비슷하게 나오지만, 섭씨 34~37도에서 부화되면 암컷과 수컷의 비율이 16:1로 나온다. 즉 원래 ZZ라는 수컷 염색체를 갖고 있던 알이라도 온도가 올라가면 Z 염색체 하나가 제대로 활동하지 못하면서 수컷에서 암컷으로 바뀌는 것이다.

이러한 파충류의 성전환(?)은 환경이 척박할수록 암컷을 많이 만들어 되도록 많이 번식하게 하려는 것으로 보인다. 하지만 온도가 갑자기 올라가 한쪽 성만 너무 많아지면 성의 균형이 깨져 멸종위기에 처할 수 있다는 단점도 있다. 사람이나 동물이나 파충류나 어디서나 균형이 가장 중요하다.

## 이무기의 정체는 수달이었다? 

칠흑같이 어두운 밤. 강에서 첨벙대는 소리가 들린다. 곧이어 매끈한 몸이 자맥질을 하더니 빠르게 앞으로 헤엄치듯 미끄러져 나간다. 이 광경을 숨어서 본 청년은 두려움에 벌벌 떨며 마을로 돌아가 긴

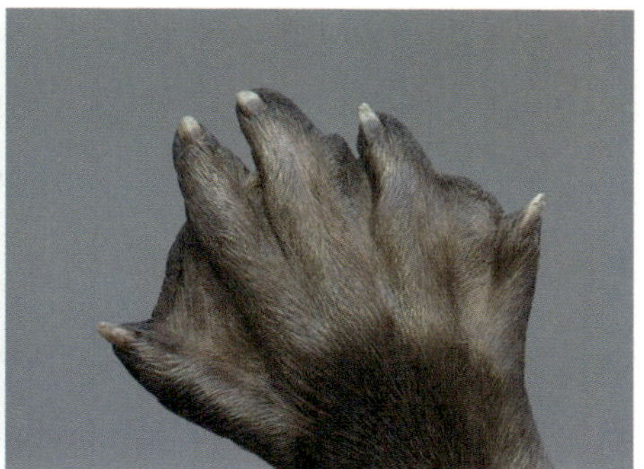

▲ 수달(왼쪽)과 수달의 발(오른쪽)

급회의를 소집한다. 마을 앞을 흐르는 강에 이무기가 나타났다는 것이다.

실제로 옛날에는 수달을 이무기로 착각하는 일이 있었다고 한다. 수달 여러 마리가 길게 붙어서 빠르게 헤엄치는 모습이 어둠 속에서는 정말 이무기처럼 보였을 테니 말이다. 하지만 지금 수달은, 동물원에 가서나 볼 수 있는 귀한 존재가 되었다.

수달이 물속에서 헤엄치는 모습을 보고 있노라면 그렇게 매끄럽고 능수능란할 수가 없다. 부드럽게 미끄러지듯 헤엄치는 모습은 동물계의 수영선수라 해도 모자람이 없다. 하지만 수달은 원래 육지에서만 살던 육상동물이었다. 하지만 점차 물속에서 먹이를 잡아먹게 되면서 몸의 구조가 물속 생활에 적합하도록 진화했다. 그 결과 발에는 크고 넓적한 물갈퀴를 갖게 되었고, 다리 길이가 짧아졌다. 또 잠수할 때 편리하도록 귀가 작아졌으며, 귓구멍 속으로 물이 들어오지 않도록 귓구멍을 막을 수 있는 근육이 발달하기도 했다. 이렇게 물속 생활에 알맞도록 바뀐 몸의 구조 덕분에 수달은 마치 물고기처럼 유선형의 모양으로 몸을 쭉 뻗으면서 능숙하게 헤엄을 칠 수 있게 되었다.

수달은 생물학적으로 생태계의 다양성을 유지하는 데 직접적인 영향을 미치는 '핵심종'에 속한다. 수달은 물에서 주로 사냥을 하는 육식성 동물로 물고기나 개구리 등을 잡아먹는데, 이때 수가 많아서 손쉽게 잡을 수 있는 것들이 수달의 먹이가 된다. 그 결과 수달이 살고 있는 하천 생태계는 수달에 의해 생태계의 균형이 적절하고 안정적으로 유지된다.

수달은 길게는 20년 정도 살 수 있다고 알려져 있다. 생후 2~3개월부터 어미를 따라 물고기를 사냥하는 법을 배우는데, 이때가 가장 위험할 때다. 들고양이나 너구리 같은 천적을 비롯해서 수달의 털을 얻으려는 사람들이 쳐 놓은 그물에 걸리기 쉽기 때문이다.

환경이 개발되고 오염되면서 자연에서 수달을 보는 일은 정말 어렵게 되었다. 간혹 다친 수달을 치료해 자연에 놓아 주었다는 기사가 나곤 하지만, 그 수달들이 과연 자연에서 안전하게 살아갈 수 있을지는 미지수다. 그래서일까. 동물원 수조 안에서 살아가는 수달이 반갑고 안심되면서도 좁은 우리가 그렇게 안쓰러울 수가 없다.

## 호랑이를 잡으려면 호랑이 굴로 가라? 

우리 속담에 '호랑이를 잡으려면 호랑이 굴로 가라'는 말이 있다. 어떤 문제를 해결하기 위해서는 정면으로 부딪히라는 뜻이다. 그런데 정말 굴로 가면 호랑이를 잡을 수 있을까? 아니, 만날 수 있을까?

야생 호랑이는 눈 덮인 곳을 비롯해 울창해서 몸이 숨기기 좋은 곳에서 산다. 이때 특별히 습하거

▲ 한국 호랑이와 같은 종으로 알려진 시베리아 호랑이. 아무르 호랑이라고도 한다.

나 건조하거나 하는 등의 환경을 가리지는 않는다고 알려져 있다. 그래서 무더운 여름에는 시원한 냇가나 그늘, 동굴 등에서 쉬기도 하지만, 그렇다고 해서 동굴에서 사는 것은 아니다. 그러니 호랑이를 잡으려고 호랑이 굴로 갔다가는 허탕을 칠 게 뻔하다.

하지만 호랑이를 잡으려다 허탕을 치는 데는 호랑이가 점점 줄어들고 있다는 현실적인 이유가 더 크다. 사실 호랑이는 이제 우리나라에서는 멸종되었다고 보고 있다. 한국 호랑이와 같은 시베리아 호랑이도 1917년~1942년 사이에 일제에 의해 죽임을 당하고 밀렵이 마구 이뤄지면서 멸종 위기에 처한 상태다. 호랑이는 현재 전 세계에서 5,000마리도 채 남지 않은 것으로 알려져 있다.

호랑이를 쉽게 보기 어려운 것은 호랑이의 세력권이 워낙 넓다는 것도 이유가 된다. 특히 먹이를 찾기 어려운 러시아 같은 극동지방에서는 암컷은 100~400킬로미터, 수컷은 800~1,000킬로미터나 되는 세력권을 갖고 살아간다고 알려져 있다. 그러니 무리 생활이 아닌 혼자 살아가는 단독 생활을 하는 호랑이를 보기란 그야말로 하늘의 별

따기다. 물론 어미 호랑이들은 새끼가 독립하는 19~28개월 정도까지 새끼와 함께 생활한다.

동물원에서 사는 호랑이는 야생 호랑이가 15~20년을 사는 데 비해 5년 정도 더 산다고 한다. 아무래도 경쟁을 해야 하고 먹이도 부족한 야생에 비해 동물원에서는 풍족한 먹이와 적당한 환경을 제공받기 때문일 것이다. 하지만 그렇다고 해서 호랑이가 동물원을 좋아하는지는 모를 일이다. 펄떡이는 먹잇감을 노리며 접근하다 최적의 순간, 5미터까지 하늘로 뛰어오르던 그 용맹한 기상이 여전히 피 속에 흐르고 있다면 말이다.

## 판다는 초식성? 육식성? 

중국 쓰촨 성 지진이 일어났을 때, 판다가 이슈가 되었다. 멸종 위기에 처해 보호받던 판다 보호소가 피해를 입었다는 내용이었다. 중국에서 특별히 나라의 상징으로 아끼는 동물인 만큼, 이후에도 판다들이 새 보호소로 이송되었다는 소식은 계속해서 전해졌다. 최근에는 〈쿵푸 팬더〉라는 애니메이션의 후속편이 나오면서 여전히 그 인기를 과시하고 있다. 이처럼 많은 사람들이 좋아하고 또 관심있어 하는 동물 중 하나인 판다. 하지만 과연 우리는 판다를 제대로 알고 있는 걸까?

판다과에는 레서판다(너구리판다)와 자이언트판다(대왕판다) 두 종류가 있다. 우리가 흔히 판다로 생각하는 종류는 자이언트판다로,

1.2~1.5미터의 몸에 75~160킬로
그램의 큰 덩치를 갖고 있다. 몸
에 난 털은 흰색인데, 눈 둘레와
다리, 앞다리 끝부터 어깨와 등
에 검은색을 띠고 있다. 반면 레
서판다는 51~64센티미터의 몸
에 3~4.5킬로그램의 작은 몸집

▲ 해발 2,000~3,000미터의 고산지대에서
서식하는 자이언트판다

으로, 털이 길고 긴 꼬리를 갖고 있어 너구리와 비슷하다.

자이언트판다는 중국 서부의 해발 2,000~3,000미터의 높은 산지
에 사는데, 물이 많은 습지를 좋아한다고 알려져 있다. 가끔씩 작은
쥐나 두더지, 뱀, 곤충 등을 먹기도 하지만 주로 먹는 것은 대나무다.
그런데 지난 2010년 1월 「네이처」에 자이언트판다의 유전자 염기서열
을 분석한 연구결과가 실렸다. 대나무를 주로 먹기 때문에 초식동물
로 알려진 판다가 사실은 유전학적으로 보면 육식동물에 가깝다는
내용이었다.

또한 2010년 12월에는 판다가 한때는 육식주의자였지만, 약 400만
년 전 고기의 감칠맛을 느끼지 못하게 되면서 육식을 하지 않게 되었
다는 연구결과가 발표되기도 했다. 기후변화로 먹이로 삼던 고기가 줄
어들자 감칠맛 수용체가 기능을 잃게 되었고, 이후에 다시 기후가 변
해 고기가 늘었지만 이미 기능을 멈춰 더는 고기를 찾지 않게 되었다
는 것이다.

판다는 동물원에서도 인기가 높은 동물이다. 검은 점이 있는 얼굴

이 귀엽고 덩치에 비해 느릿느릿한 행동 덕분에 사랑을 듬뿍 받고 있다. 하지만 판다는 전 세계에 2,500마리 정도만 남아 있어 멸종 위기에 처해 있다. 사람들에게 인기 높은 판다가 사람들이 일으킨 자연파괴 때문에 멸종되지 않기를 바랄 뿐이다.

## 말하는 동물이 있다고? 

'말 못하는 짐승'이란 표현이 있다. 사람들이 쓰는 말이라 철저히 사람 입장에서 표현된 것으로, 동물은 사람과 달리 말을 못한다는 뜻을 갖고 있다. 바꿔 말해 사람만이 유일하게 말을 할 줄 안다는 우월감을 담고 있는 말이다. 과연 사람만 말을 할 수 있을까?

지난 2007년 9월 7일에는 '알렉스'라는 이름을 가진 앵무새의 죽음이 화제가 되었다. 아프리카산 회색 앵무새인 알렉스는 '말하는 앵무새'로 과학계에선 유명한 명사로, 150여 개의 영단어 의미를 알고 말했을 뿐만 아니라, 색깔, 모양, 개수를 이해하고 구별해서 말할 정도로 똑똑했다.

앵무새의 발성기관은 다른 새들과 마찬가지로 '울대'다. 사람의 발성기관인 성대와 달리 새들은 울대를 울려 단순히 길고 짧은 정도의 신호로 의사소통을 한다고 알려져 있다. 하지만 알렉스에게 30년 동안 말을 가르친 애리조나 대학교의 페퍼버그 박사는 알렉스를 훈련시킨 결과 단순히 사람의 말을 흉내 내는 것이 아니라는 실험 결과를 발표했다. 나무토막을 들고 색깔을 물으면 색깔을 대답했고, 색깔 대신 모양을 물으면 어떤 모양인지를 대답하는 것들이 그 예다. 심지어 같은 모양에 다른 색깔의 물체를 놓고 다른 점을 물었을 때 '색깔'이라고 대답하기도 했다는 것.

▲ 보노보인 칸지는 그림판으로 생각을 표현할 수 있었다.

2004년에는 네덜란드 라이덴 대학교의 가브리엘 벡커스 교수 팀이 흥미로운 연구결과를 발표하기도 했다. 앵무새가 단순히 울대를 울려서 소리를 내는 것이 아니라, 사람처럼 혀의 모양과 위치를 바꿔 가며 다양한 소리를 낸다는 것이다. 즉 사람처럼 고차원적인 의사소통을 하기 위해 음성기관이 진화한 것이라는 얘기다.

사람의 말을 알아들을 뿐만 아니라 자신의 생각을 사람에게 표현할 줄 아는 동물로는 '보노보'를 빼놓을 수 없다. 침팬지에서 분화된 피그미침팬지인 보노보는 유전학적으로 사람과 가장 가깝다고 알려진 동물로, 중앙아프리카 콩고분지에 서식한다. 미국 조지아 주립대학 연구 팀은 어린 보노보인 '칸지'에게 언어를 가르치는 실험을 했다. 연구 팀은 어린 칸지보다 앞서 칸지의 보모 보노보에게 먼저 언어를 가르쳤다. 그런데 놀랍게도 이를 옆에서 보던 칸지가 사람의 말을 이해하고 그에 맞는 행동을 했다. 이후 칸지는 특별한 그림으로 구성된 기호판을 이용해 자신의 생각을 표현하기까지 했다고 한다.

이쯤 되면 사람만이 언어를 쓰고, 이해한다고 말할 수 있을까? 천재 앵무새였던 알렉스가 페퍼버그 교수에게 마지막으로 남긴 말은 'I love you.'라고 한다. 사람과 동물 사이에 꼭 필요한 말을 한 알렉스는 말 못하는 짐승이 아니라 사람보다 나은 동물일지도 모른다.

## 악어와 새가 사촌이라고? 

이건 또 무슨 소린가? 악어와 새가 가장 가까운 동물이라니……! 악어는 파충류요, 새는 조류인 데다 생김새를 봐도 어디 하나 닮은 데가 없다. 그런데 왜 악어와 새가 사촌이라는 거지? 혹시 악어와 공생하는 악어새 얘기를 하는 건가?

아니다. 악어와 악어새의 이야기가 아니라, 실제로 척추동물 중에서 악어와 가장 가까운 동물의 무리는 새, 즉 조류다. 악어는 원래 원시 파충류였던 '조치류'에서 공룡, 익룡과 함께 갈라져 나왔다. 즉 공룡과는 형제인 셈. 그런데 조류는 공룡이 진화해 생겼다고 여겨지고 있으니 결국 조류와 악어는 사촌지간이라 할 수 있다.

공룡과 가까운 사이라는 점은 악어의 걸음걸이를 떠올려 봐도 알 수 있다. 같은 파충류인 도마뱀이나 거북과는 뭔가 다르다! 거북이나 도마뱀 등 악어보다 원시적인 파충류는 네 발을 양 옆으로 내놓고 발이 꺾여진 상태로 몸을 지탱한다. 그렇게 꺾인 상태로 걷는 걸음걸이는 당연히 더 많은 에너지를 필요로 한다. 하지만 악어는 좀 다르다.

공룡
헐!? 우리, 조상이 같은 건가?

다리가 비교적 곧게 뻗은 상태로 걸음을 걷는다. 바로 이 점이 공룡과 비슷하다. 그래서 도마뱀이 몸을 좌우로 심하게 틀면서 걷는 데 비해 악어는 몸을 쭉 편 상태로 걸을 수 있다.

그런데 악어를 좀 자세히 살펴보면 이곳에서 본 악어와 저곳에서 본 악어가 어딘지 다르다는 걸 느끼게 된다. 그러고 보니 악어를 '앨리게이터'라고 부를 때도 있고, '크로커다일'이라고 부를 때도 있다. 이러한 악어의 구분은 주둥이 모양을 기준으로 한다. 앨리게이터 무리는 주둥이의 폭이 넓고 머리가 사각형 모양이다. 이에 비해 크로커다일 얼굴 앞면이 가늘어 삼각형 모양을 하고 있다. 마지막으로 가비알 무리는 마치 방망이처럼, 가늘고 긴 주둥이 끝에 둥근 혹이 달려 있다.



악어가 흥미로운 것은 물이나 육지 모두에 살 수 있는 반수생 파충류라는 점이다. 열대나 아열대 지방의 습한 지역에 주로 사는데, 눈과 콧구멍이 머리 위쪽에 붙어 있는 것이 특징이다. 이 때문에 물속에 들어가서도 앞을 보거나 숨을 쉴 때 편리하다. 게다가 눈에는 투명한 순막이 있어 잠수했을 때 눈을 보호해 준다.

난폭해 보이는 악어지만 의외로 악어는 사회적인 동물로 무리 생활을 한다. 큰 먹이의 경우에는 함께 공격해서 나눠 먹기도 하고, 우는 소리를 내서 위기 상황에서 도움을 청하거나 어미를 부르기도 한다. 이러한 무리 생활, 음성 교신, 새끼 보호 등의 특징은 조류와 공통점이기도 하다.

# 두루미가 외발서기 명수가 된 이유는?

"인제 무슨 좋은 일이 생길 게다."

– 이범선의 『학마을 사람들』 중에서

장수와 평화를 상징하는 전설의 새인 '학'으로 불리는 두루미. 시베리아, 몽고, 중국에서 혹독한 추위를 피해 해마다 10월이 되면 우리나라로 찾아오는 겨울철새인 두루미는 1970년대까지만 해도 쉽게 볼 수 있는 새였다. 하지만 이제 천연기념물로 지정해 보호해야 할 정도로 그 수가 많이 줄어들었다. 그래서 지금은 비무장지대 근처에서나 볼 수 있을 정로도 귀한 새가 되었다.

두루미라는 이름은 두루미가 우는 소리에서부터 생겨났다. 두루미는 짝짓기 계절이 되면 부리를 하늘로 향해 들고 암수가 '뚜루~뚜루~' 하는 소리를 낸다. 이때는 날개를 한껏 부풀려 펄럭이면서 춤을 추듯 행동하는데, 이는 서로에 대한 사랑을 표현하는 동시에 자신을 과시하는 행동이라고 알려져 있다. 이러한 울음소리는 위협을 느꼈을 때도 낸다.

두루미는 고고한 자태와 긴 다리로 아름다운 새로 손꼽힌다. 특히 한겨울에 한 발로 서 있는 모습은 마치 공연을 하는 발레리나를 닮았다. 그런데 왜, 두루미는 힘들게 한 발로 서 있는 걸까? 이건 추운 날씨 속에서 에너지 소비량을 줄이려는 행동이라고 알려져 있다. 겨울철새인 두루미는 차가운 땅 위에 두 발로 서 있는 것보다 한 발로 서 있는 게 훨씬 에너지를 덜 뺏기는 방법임을 알고 있는 것이다. 그 놀라운 친환경적 균형감각이라니!

두루미는 몸 색깔에 따라 그 종류를 구분하고 있다. 우선 학으로 불리며 온몸이 희고 머리에 새빨간 무늬가 있는 것은 두루미로, 전 세계에 2,000마리밖에 없을 정도로 희귀하다. 두루미는 천연기념물 202호로 지정되어 있다. 한편 회색빛의 몸에 눈 주변이 빨간 것은 재두루미로, 천연기념물 203호다. 재미있는 사실은 재두루미의 눈 주변이 빨간 것은 털색깔 때문이 아니라는 것이다. 재두루미의 눈 주변에는 털이 없어 맨살이 드러나 있기 때문에 빨갛게 보인다. 이 밖에도 몸 전체는 회색이고 목 부분만 검은 천연기념물 228호의 검은목두루미와, 천연기념물 451호인 흑두루미 등이 있다.

우리나라의 강원도 철원이나 한강 하구 지역은 두루미가 월동을 하는 중요한 장소다. 2,000여 마리 두루미 가운데 500~600마리가 우리나라를 찾고 있고, 재두루미도 전 세계 4,000여 마리 중 800마리 이상이 우리나라를 찾는다. 그만큼 우리나라가 두루미 생태의 중요한 역할을 하고 있는 것이다. 그래서 혹여라도 보게 되는 두루미의 춤사위가 더욱 반갑게 느껴진다.

## 코끼리는 까치발? 

"코끼리 아저씨는 코가 손이래. 과자를 주면은 코로 받지요~."

동물원에서 인기 있는 동물을 꼽으라면 뭐니 뭐니 해도 코끼리가 빠지지 않을 것이다. 코끼리는 긴 코 덕분에 동요에 나올 정도로 오랫동안 많은 사람들의 사랑을 한몸에 받고 있다. 그런데 코끼리는 태어날 때부터 긴 코를 가지고 있는 걸까?

재미있게도 코끼리가 태어났을 때는 코의 길이가 25~30센티미터밖에 되지 않는다. 뭐든지 코로 하는 코끼리인데 왜, 어릴 때는 코가 길지 않을까? 이건 갓 태어난 새끼 코끼리에게는 긴 코가 필요하지 않기 때문이다. 새끼 코끼리는 어미젖을 먹고 자란다. 그런데 이때는 코가 아니라 입으로 젖을 먹기 때문에 굳이 긴 코가 필요하지 않다. 그러다 어미젖이 아니라 풀을 먹기 시작하면서부터는 코를 사용하게 된다. 그 결과 코가 길어지면서 굵어지는 것이다.

커다란 통나무를 옮길 정도로 힘이 센 코끼리 코에는 몇 개의 뼈가 있을까? 정답은 0! 코끼리 코는 오직 4개의 근육만으로 이루어져 있다. 그래서 자유자재로 원하는 방향으로 움직이고 물건을 감아쥐거나 물을 뿌릴 수 있다.

긴 코와 더불어 코끼리의 가장 큰 특징은 엄청난 덩치다. 현재 지구상에 있는 육상동물 중 가장 큰 동물로, 다 자란 코끼리는 보통 5~6톤의 몸무게를 자랑한다. 그 결과 무릎 아래 부분이 짧은 다리 모양을 하고 있다. 앉거나 설 때 무거운 체중을 잘 버티기 위해서다.

또 하나 재미있는 것은, 코끼리 발의 골격구조! 발바닥의 뼈가 마치 하이힐을 신은 것처럼 위로 들린 구조를 하고 있다. 뼈가 들린 대신 그 아래는 모두 두꺼운 지방으로 채워져 있다. 이러한 까치발 모양의

X-레이
우와~ 지방 덩어리를 발에 깔고 다녀서 까치발 모양이구나!
저 큰 덩치로 저렇게나 조용히 걷다니!

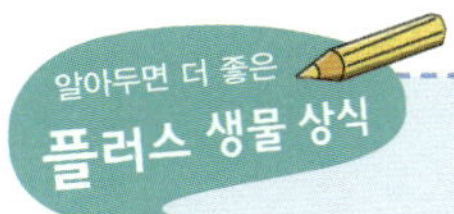


## 말하는 코끼리 코식이

지난 2006년에는 에버랜드 동물원에 있는 '코식이'라는 이름의 코끼리가 사람 말을 그대로 흉내내서 화제가 되었다. 코끼리는 코와 성대를 이용해 소리를 내는데, 사람과 달리 입술이나 혀 같은 조음기관이 없어 사람처럼 말을 하는 것은 불가능하다. 그런데도 분명 코식이는 사육사와 비슷한 말을 했다. 원리인즉, 바로 코를 이용한 것! 코식이는 코를 입에 넣어 코의 입구가 입 안쪽에 달라붙도록 한 다음 콧바람을 불어넣었다. 마치 사람이 입에 손을 넣어 휘파람을 불 듯이 그렇게 소리를 냈다. 사육사가 자주 말하는 말을 기억했다가 똑같이 흉내낸 코식이. 사람처럼 말을 한 게 아니라도 그야말로 놀랍지 않을 수 없다!

발 덕분에 코끼리는 무거운 체중을 버틸 수 있고, 오랜 시간 걸어 다닐 수 있는 데다가 걸을 때 소리도 나지 않는다.

코끼리 하면 상아도 빼놓을 수 없다. 상아는 이빨 중 엄니 두 개가 일생 동안 자라면서 밖으로 나온 것으로, 입 안에는 넓적한 어금니가 맷돌처럼 풀을 잘게 부수는 역할을 한다. 그런데 코끼리는 앞니가 없다. 다른 동물들은 앞니가 있어야 풀을 끊는 역할을 하는데, 코끼리는 긴 코가 이 일을 하기 때문에 앞니가 굳이 필요하지 않다.

::엄니 크고 날카롭게 발달한 포유류의 이. 호랑이·사자·멧돼지의 엄니는 송곳니가 발달한 것이고, 코끼리의 엄니는 앞니가 발달한 것이다.

그렇다면 코끼리 코는 어떻게 생긴 것일까? 놀랍게도 코끼리의 코는 윗입술과 더불어 길게 자라난 근육질이다. 끝부분에는 돌기가 나 있어 사람의 손가락처럼 물건을 집는 역할을 한다. 실제로 작은 콩도 집을 수 있을 정도로 섬세하다!

만화 영화 속에서 복싱 선수로 이름을 날리는 동물. 껑충껑충 뛰는 모습이 토끼 저리가라 싶게 날랜 동물. 주머니에 새끼를 키우는 독특한 습성으로 더욱 유명한 이 동물. 바로 캥거루다. 호주에 사는 캥거루는 포유류이면서도 어미 뱃속에 태반이 없어 아직 덜 자란 새끼가 태어나는 생태학적 특성을 갖고 있다. 그 결과 덜 자란 새끼는 어미의 육아주머니에서 자라야 한다. 그래서 캥거루를 유대류라고 부른다.

새끼 캥거루는 엄마 뱃속에서 30~40일 정도 있다가 2.5센티미터, 1그램의 아주 작은 몸집으로 태어난다. 두 발로 서 있을 땐 위협적으로 느껴질 만큼 큰 덩치를 가진 캥거루가 태어날 땐 겨우 2.5센티미터라니! 눈도 못 뜨고 귀도 다 자라지 않은 이 작은 생명은 엄마의 냄새를 맡으며 육아주머니로 기어 올라가야 한다. 그래서 태어나서 육아주머니로 이동하는 때가 새끼 캥거루에겐 가장 혹독한 시련의 시기다. 무사히 육아주머니를 찾아가면 4~6개월 동안 육아주머니 안에서 어미 젖을 먹고 자라게 된다. 하지만 제대로 육아주머니를 찾지 못한다면?

새끼를 육아주머니에 넣고 다니는 캥거루의 모습을 보면 그 모성애가 그야말로 지극해 보인다. 그러니 눈도 못 뜬 새끼 캥거루가 육아주머니를 못 찾고 헤맨다면 당연히 지극한 모성애로 입으로 물어서라도 주머니에 넣어 줄 거라 생각하기 쉽다. 하지만 실상은 정반대다.

어린 캥거루 새끼는 오직 혼자 힘으로 앞다리만을 이용해 육아주머니를 찾아 이동해야 한다. 앞을 볼 수 없기 때문에 방향을 잘못 잡

거나 육아주머니로 오르다 땅에 떨어
질 경우에는 그대로 버려지게 된다. 어
미 캥거루는 절대 새끼 캥거루를 도
와주지 않는다.

▲ 캥거루

　이러한 모습은 백로에게서도 찾아
볼 수 있다. 백로는 소나무 가지 위에
둥지를 틀고 4~6개의 알을 낳는데, 심
한 바람이 불거나 새끼가 움직이다 잘
못해서 둥지 밖으로 떨어지는 경우 절
대 보살피지 않는다.

　캥거루나 백로에게서 보이는 이러한 모습은 모두 강한 새끼라야 이
후에 튼튼한 어른으로 자랄 수 있기 때문이다. 즉 약한 새끼에게 에
너지를 쓰다가 어미 자신도 위험에 처하는 것보다는 건강한 새끼에게
집중하는 진화 전략을 선택한 것이다. 자연의 세계에서는 훈훈한 모
정도 효율적인 생존전략 그 다음인지도 모르겠다.

## 닭이 못 나는 이유는 흰살 때문?

　푹푹 찌는 여름철, 쇠한 기운을 북돋워 주는 음식을 말하라 하면
열에 아홉은 삼계탕을 뽑지 않을까. 뽀얀 국물에 그보다 더 뽀얀 닭
고기를 뜯다 보면 나도 모르게 왠지 기운이 펄펄 나는 듯 느껴지기까

지 한다. 물론 튀겨 먹어도 그 맛이 일품! 그래선지 닭고기는 돼지고기에 이어 우리나라 사람들이 두 번째로 많이 먹는 소중한 먹거리가 되었다.

하지만 닭은 어찌 보면 비운의 동물이라고도 할 수 있다. 멀쩡한 두 날개를 가지고도 훨훨 하늘을 날 수 없으니 말이다. 이런 비운을 달래 주려 함일까? 몇 년 전에 갔던 동물원에는 닭이 하늘을 나는 '닭 쇼'를 하고 있었다. 동물원에 가기 전부터 한 선배가 닭 쇼가 볼 만하니 꼭 보라고 권유한 것도 있고 해서 닭 쇼장으로 찾아가 보았다.

닭 쇼는 간단했다. 멀리 나무들이 심겨진 언덕 위에서 조련사가 닭을 땅 아래로 날리면 닭이 퍼득퍼득 날갯짓을 하면서 착륙하는 게 전부. 날개가 있어도 날지 못하는 닭은 연신 날개를 퍼득거리다 풀밭으로 가까스로 착륙했다.

닭은 닭목 꿩과에 속한 조류다. 다른 새들처럼 날개를 갖고 있으며 뼈 속도 비어 있어 날 조건을 갖추었다. 하지만 닭은 사람들이 가축으로 키우면서 몸무게가 많이 늘어나고 날개를 쓰지 않게 되었다. 나는 대신 발로 땅을 헤쳐 벌레나 씨앗을 먹기 때문에 굳이 날지 않아도 되었던 것이다. 이건 꿩과에 속하는 새들의 특징으로, 꿩이나 닭은 모두 강하고 튼튼한 다리를 갖고 있다.

닭이 언제부터 가축으로 쓰이게 됐는지는 확실하게 밝혀지진 않았다. 다만 과학자들과 고고학자들은 닭뼈를 발굴하거나 DNA 등을 연구한 결과를 토대로, 5천~1만 년 전 사이 아시아에서 기르기 시작했다고 보고 있다. 주로 고기나 알을 얻기 위해서 길렀으며 주술적인 상

징이나 오락의 목적으로 길
렀다고도 보고 있다.

먹이를 찾기 위해 날지
않아도 되는 데다 몸집이
점점 커져 무거워지면서 닭
은 더더욱 날개를 쓸 일이

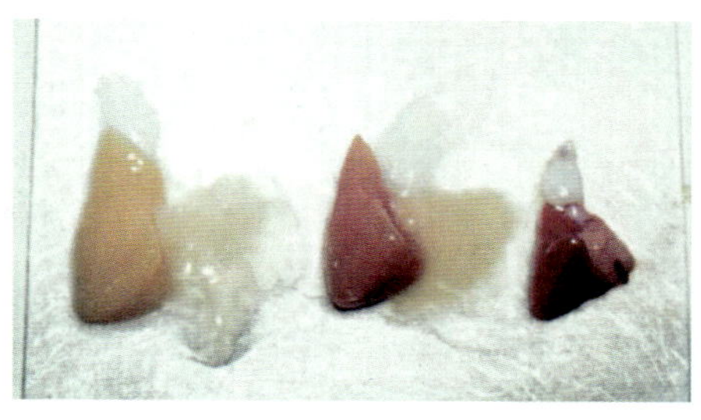

▲ 미오글로빈이 많이 포함되어 있을수록 근육이 붉은
빛을 띤다.

없어졌다. 그 결과 날개 근육이나 가슴 근육에서 근육세포 단백질인
미오글로빈이 필요 없게 되었다. 미오글로빈은 혈액이 운반해 온 산소
를 근육에 공급하는 역할을 하는 단백질이다. 산소가 많이 필요한 근
육엔 미오글로빈이 많이 있기 때문에 붉은 빛을 띠게 된다.

하지만 닭은 날갯짓을 하지 않게 되면서 빠른 움직임을 필요로 하
지 않기 때문에 날개나 가슴 근육에 미오글로빈이 필요 없게 되었다.
그 결과 닭가슴살이나 날개는 흰색을 띠게 되었다.

## 북극곰은 하얗지 않다? 

남극엔 펭귄, 북극엔 북극곰이라고 할 정도로 북극곰은 북극을 대
표하는 동물이다. 영화나 콜라광고 등에 종종 출연해 친근한 이미지
를 갖고 있지만, 사실 북극곰은 북극에서 최상위 포식자로 위협적인
존재다.

북극곰을 떠올리면 가장 먼저 눈처럼 하얀 털이 생각난다. 그런데

▲ 북극곰

정말 북극곰의 털 색깔은 하얄까? 동물원에 있는 북극곰의 경우 종종 거무튀튀한 곳이 보이기도 하던데…….

북극곰의 털은 정확히 말해 하얀색이 아니라 하얗게 보이는 것이라고 할 수 있다. 원래 북극곰의 털은 흰색 색소가 있는 것이 아니고 투명하다. 하지만 그 안에 공기 방울이 들어 있어 햇빛이 산란되면서 우리 눈에 하얗게 보이는 것이다. 실제로 추운 북극에서 살기 위해 북극곰의 피부는 검은색이다. 흰색보다는 검은색이 열을 더 잘 흡수하기 때문이다. 그 위에 투명한 털이 빽빽하게 나 있어 우리 눈에는 눈처럼 흰색 곰으로 보이는 것일 뿐이다.

그런데 왜 북극곰의 털은 하얗게 보이게 된 걸까? 피부처럼 검은색이면 더 많은 열을 흡수할 수 있지 않을까?

그 이유는 사냥을 할 때 먹잇감에게 들키지 않기 위해서다. 북극은 눈과 얼음이 많아 북극곰이 검은색일 경우 너무나 쉽게 눈에 띄게 된다. 북극곰은 실제로 물 위에 떠다니는 얼음을 타고 사냥을 다니는데, 이때 하얗게 보이는 몸 때문에 먹잇감들은 북극곰이 다가오는 것을 쉽게 눈치 채지 못하게 된다. 검은 피부는 열을, 하얗게 보이는 털은 먹잇감을 얻는 데 유리하다. 이러한 털은 북극곰의 발바닥에까지 나 있어, 북극곰이 얼음 위에서도 미끄러지지 않고 잘 다닐 수 있도록 해 준다.

## 북극곰은 왜 북극에만 있을까?

북극곰은 남반구에는 살지 않는다. 왜일까? 북극은 남극과 같은 대륙이 아니라 북미와 유라시아 대륙으로 둘러싸인 바다로, 중심 지역은 얼음으로 되어 있다. 북극곰의 경우 대륙에 살고 있던 곰이 유빙을 타고 비교적 가까운 북극으로 넘어가 북극곰이 되었을 것으로 보고 있다. 하지만 바다를 헤엄쳐서 넘어가지는 못해서 남극이나 남반구에는 살지 않게 되었다.

게다가 북극곰은 추운 북극에 살기 위해 두꺼운 피하지방층을 갖고 있다. 큰 덩치 두루두루에 10센티미터도 넘는 지방층을 갖고 있다. 덕분에 쌩쌩 부는 찬바람이나 물속에 들어가서도 체온을 유지하며 살아갈 수 있다. 동물원에 있는 북극곰도 겨울이 되면 평소보다 피하지방층이 두꺼워져 겨울을 나기 위한 대비를 한다.

최근에 지구온난화로 북극의 얼음이 빠르게 녹으면서 북극곰의 생태도 위협받고 있다. 특히 북극곰은 유빙을 타고 다니면서 쉬기도 하고 사냥도 하는데, 유빙이 물에 녹는 정도가 빨라지면서 수영하다 올라갈 유빙을 찾지 못해 익사하는 경우가 늘고 있다. 얼음의 땅에서 살기 위해 하얗게 보이는 털을 갖게 된 북극곰이 얼음이 사라진 땅에서 살 수 없게 되는 것은 슬프고도 당연한 일일 것이다.

## 속이 꽉 찬 펭귄 

북극에 북극곰이 있다는 걸 알았으니 남극에 있는 펭귄 이야기를 빼놓을 수 없다. 북극보다 훨씬 더 추운 남극에서 꿋꿋하게 살아가는 펭귄. 얼음 위를 뒤뚱뒤뚱 걷다가도 물속으로 들어가기만 하면 재빠른 몸놀림으로 수영 솜씨를 뽐내는 펭귄. 그런데 펭귄은 새일까? 아니면 물고기일까? 결론부터 말하면 펭귄은 조류다.

펭귄의 모습을 살펴보자. 양 옆에 날개를 갖고 있고 부리도 있다. 분명 새가 맞다. 하지만 새와 다른 점은 날지 못한다는 것이다. 펭귄은 하늘을 나는 새들이 뼈 속이 비어 있는 것과 달리 속이 꽉 찬 뼈를 갖고 있다. 새들은 몸이 가벼워야 하늘을 나는 데 도움이 되지만, 펭귄은 물속을 헤엄치며 먹이를 잡아야 하기 때문에 몸이 가벼운 게 도움이 되질 않기 때문이다.

펭귄의 날개는 '플리퍼'라고 부른다. 하늘을 나는 데 쓰이는 대신 헤엄을 치는 데 노와 같은 역할을 하는 중요한 기관이다. 여기에 발에는 물갈퀴가 달려 있고, 삼각형의 꼬리도 갖고 있다. 덕분에 이리저리 방향을 바꿔 가며 물속에서 시속 24킬로미터로 수영을 할 수 있고, 순간적으로는 시속 48킬로미터까지도 속도를 낼 수 있다.

언뜻 보면 몸이 매끄러워 보이는 펭귄이지만 새답게 깃털이 나 있다. 방수성이 뛰어나 깃털과 피부 사이에 공기를 가둘 수 있어 보온 효과가 뛰어나다. 또 북극곰과 마찬가지로 두꺼운 지방층이 발달되어 있다. 게다가 펭귄의 콧구멍은 찬 공기를 들이마실 땐 쉽게 데웠

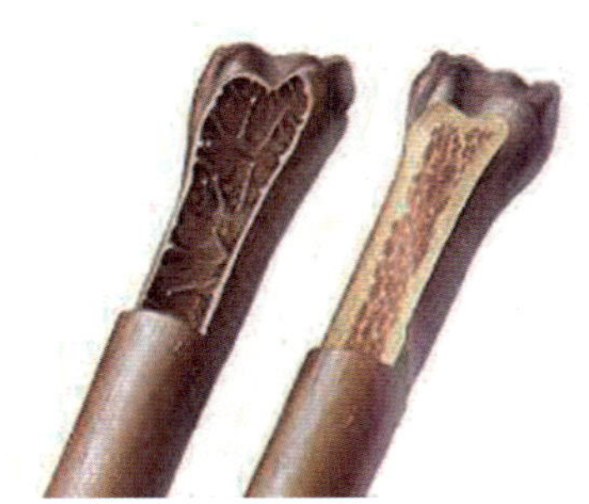

▲ 일반 조류의 뼈(왼쪽)와 펭귄의 뼈

다가 숨을 내쉴 때는 남아 있는 열과 수분을 붙잡아 두는 특이한 구조를 갖고 있다고 한다. 추운 남극에서 살아가기 위한 특징이라고 하겠다.

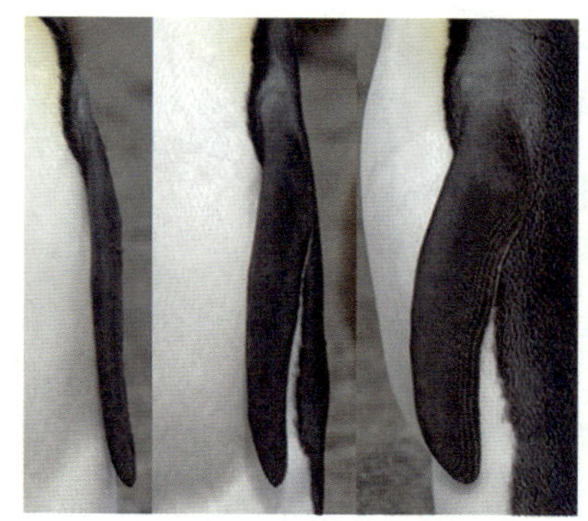

▲ 펭귄의 날개(플리퍼). 배를 젓는 노처럼 납작하고 단단하다.

펭귄은 눈물겨운 부성애로도 유명하다. 암컷이 알을 낳은 후 먹이를 구하기 위해 바다로 떠나면 수컷 펭귄은 서서 아무것도 먹지 않으면서 알을 돌본다. 이러한 과정을 암수가 번갈아가면서 새끼가 알에서 깰 때까지 반복한다. 그런데 새끼가 알에서 깨어난 후에도 암컷이 돌아오지 않을 경우가 있다. 이럴 땐 펭귄 수컷이 자신의 뱃속에 저장하고 있던 소화되지 않은 음식물을 꺼내 먹인다고 한다. 2000년 12월 「네이처」에 발표된 연구 결과에 의하면, 수컷 펭귄은 2~3주 동안 음식물을 소화하지 않은 채 저장할 수 있다고 한다.

재미있는 것은 위에서 사는 박테리아가 음식물을 분해하지 못하게 하면서 오랫동안 저장할 수 있는 것은 천연 항생제를 갖고 있기 때문이라는 것이 이후 다른 연구에서 밝혀졌다. 펭귄이 항박테리아 물질을 갖고 있는 플랑크톤을 먹어 박테리아가 살 수 없는 환경을 만든다는 것이다.

펭귄은 뼈만 꽉 찬 게 아니라 뱃속까지도 부성애로 꽉 찬 동물임에 틀림없다.

토요일을 쉬는 학교가 늘면서 현장교육이 늘고 있다.
멀리 산으로, 바다로 또 방학이면 캠프 프로그램을 선택해
현장교육을 떠난다. 하지만 꼭 멀리 가야 현장교육이 가능한 것은
아니다. 여러 가지 사정으로 멀리 갈 기회를 놓쳤다면 가까운
공원으로 나가 보자. 공원은 생물을 관찰하기에도 좋은 장소다.
가까이 있었지만 그동안 관심 두지 않았던 이름 모를 꽃에서,
곤충에서 이야깃거리를 찾아낸다면 이보다 더
근사한 현장교육이 또 어디 있을까.

PART 4
공원에서 궁금한
생물 이야기
공원

## 식물도 춤을 춘다

동물은 움직이고 식물은 움직이지 못한다는 것은 그야말로 상식이다. 하지만 잘 생각해 보면 우리는 무수히 자주 식물이 움직이는 것을 보면서 살고 있다. 못 믿겠다고? 그렇다면 기억을 떠올려 보자.

우선 해바라기를 떠올려 보자. 해를 따라 움직인다고 해서 그 이름도 해바라기라고 붙여졌다. 식물은 모두 햇빛을 받아 광합성을 해서 영양분을 만들어야 살아갈 수 있다. 그래서 햇빛이 비추는 쪽으로 자라는데 이러한 성질을 '양성 굴광성(해굽성)'이라고 한다. 해바라기의 경우에도 햇빛이 비추게 되면 해바라기 줄기에서 생장호르몬의 분포가 달라지게 된다. 태양이 오른쪽에서 비출 경우, 생장호르몬은 왼쪽으로 쏠리게 된다. 그 결과 생장호르몬이 몰린 왼쪽이 더 빨리 자라면서 결국 구부정하게 오른쪽으로 휘게 된다. 그 결과 오른쪽에 있는 태양을 볼 수 있는 것!

움직이는 식물로 대표적인 것은 미모사다. 해를 따라가는 해바라기 같은 식물의 움직임은 오랫동안 천천히 일어나기 때문에 사실 우리 눈으로 움직이는 과정을 살펴보긴 힘들다. 하지만 미모사의 경우, 손으로 잎사귀를 건들면 바로 잎이 오므라드는 것을 볼 수 있다. 미모사의 잎은 평소에는 안쪽 세포에 물이 들어가 세포가 부풀어 오른 상태를 하고 있다. 이때 손으로 잎을 건드리면 순간적으로 세포 안에 들어 있던 물이 빠져나가면서 잎이 시든 것처럼 축 처지게 되는 것이다. 시든 것처럼 보여 먹히지 않으려는 식물의 지혜다.

▲ 움직이는 식물들. 손을 대면 잎을 접는 미모사(왼쪽)와 소리에 따라 움직이는 무초(오른쪽)

한편, 움직이는 것에서 나아가 소리에 반응한다고 알려진 식물도 있다. 이름하여 '무초'. 텔레그래프 플랜트라는 콩과 식물로, 위아래로 잎사귀를 움직이는 식물로 알려져 있다. 잎사귀 아랫부분에 부풀어 오른 부분에서 물이 들어왔다 나갔다를 반복하면서 움직이는 원리다. 하지만 과학자들은 사실 무초는 소리가 아닌 빛에 의해 반응하는 것이라고 추측하고 있다. 빛에 의해 온도가 달라지면 잎사귀 아랫부분에 부풀어 있는 '옆침'이라는 부분에서 물이 들어왔다 나갔다를 하면서 잎사귀를 움직인다는 것이다.

이 밖에도 파리지옥 같은 식충식물이나 해캄 같은 물에 사는 녹조 식물도 좋은 관찰 대상이다. 움직이지 못한다고만 생각해 왔던 식물이 그야말로 싱싱하게 살아서 움직이는 모습을 보게 될 것이다.

## 선인장 꽃이 화려한 이유 

황량한 사막과 가장 잘 어울리는 식물을 꼽으라면? 두말할 것도

사막 생존의 스페셜리스트

뜨거운 기온에도 선인장의 온도가 올라가는 것을 막아 주는 주름

곤충이 적은 사막에서 수분(꽃가루받이)을 더 잘 시키기 위해 화려해진 꽃

수분 증발을 막기 위해 넓은 잎이 가시로 퇴화

자신을 지키는 방어무기

수분(물)을 많이 저장하기 위한 탱탱하고 굵은 줄기

땅속으로 스며드는 물을 최대한 흡수하기 위한 얕고 넓게 퍼진 뿌리

음~ 정말 대단하구먼.

놀랍군
…….

없이 선인장일 것이다. 요즘은 꽃집에서도 작은 화분에 화려한 꽃을 피운 선인장을 쉽게 구할 수 있지만, 선인장과 어울리는 장소는 뭐니 뭐니 해도 작열하는 태양 아래 모래 알갱이만이 나뒹구는 사막이 아닐까.

선인장에서 가장 특징적인 것은 온몸에 달린 가시! 건조한 지역에 사는 선인장은 수분 증발을 막기 위해 넓은 잎이 퇴화되어 이렇게 좁은 가시가 되었다. 잎이 퇴화된 자리에 생장점이 생겨서 가시가 나오기 때문에 다른 식물과 달리 선인장에는 가시가 나오는 '가시자리'가 있다. 가시는 선인장을 먹으려는 동물들로부터 자신을 지키는 방어무기도 된다. 가시는 선인장이 살아가는 생존전략인 셈이다.

물이 부족한 건조한 지역에 사는 선인장은 얕은 뿌리와 깊은 주름도 발달했다. 사막과 같은 건조 지역에서는 비 내리는 기간이 짧아 효율적으로 수분을 저장하는 것이 중요하다. 그래서 선인장의 줄기는 많은 수분을 담고 있어 탱탱하고, 뿌리는 얕고 넓게 내려 땅속으로 스며드는 물을 최대한 많이 흡수한다. 그렇다면 선인장 표면의 깊은 주름은? 주변의 높은 기온에 의해 선인장의 온도가 지나치게 올라가는 것을 막아 준다고 알려져 있다.

건조한 지역에서 살아가기 위한 선인장의 구조는 꽃에서 그 절정을 이룬다. 선인장의 꽃을 떠올려 보자. 다른 일반 꽃들에 뒤지지 않게, 오히려 더 눈에 띨 정도로 화려하다. 사실 선인장이 살고 있는 건조 지역은 대부분 선인장의 꽃을 수정시켜 줄 곤충이 흔하지 않다. 그래서 선인장은 되도록 화려한 꽃을 피워 드문 곤충들을 유혹해야 한

다. '스타펠리아'라는 선인장의 경우에는 큰 적갈색의 꽃을 피우는 것
도 모자라 생선 썩는 냄새를 풍기기도 한다. 파리라도 불러들여 수정
을 하려는 간절한 몸짓인 것이다.

선인장 꽃의 꿀은 나비나 박쥐들에게 먹이가 되는데, 이 과정에서
꽃가루가 동물의 몸에 묻어 수정이 이뤄지기도 한다. 또한 선인장의
열매를 먹은 동물들이 배설을 해서 씨앗이 퍼지기도 한다.

## 대나무는 식물계의 박쥐? 

곧게 뻗은 생김새와 사시사철 푸른 모습으로 청렴하고 소신 있는
사람에 비유되는 대나무. 그런데 이런 절개의 상징인 대나무가 간사한
것으로 비유되는 박쥐로 비유되다니 이게 무슨 일일까? 그 이유는 바
로 대나무의 정체성이 모호한 데 있다.

대나무는 이름에 '나무'라는 말이 들어가 있어 언뜻 생각하면 나무
의 한 종류라고 생각할 수 있다. 실제 나무처럼 단단한 목질부를 가지
고 있어 겨울에도 죽지 않고 푸른 모습을 자랑한다. 그렇다면 대나무
는 나무라고 해도 되는 게 아닐까?

나무는 앞서 말한 대로 물과 양분이 이동하는 목질부를 갖고 있는
여러해살이식물을 말한다. 목질부 덕분에 겨울에도 죽지 않고 살아
있을 수 있다. 그리고 여기에 하나 더! 나무는 형성층을 갖고 있어 부
피 생장을 한다. 나무의 나이테가 바로 부피자람의 증거다.

　한편 풀은 목질이 아닌 줄기에 잎이 달리는 구조로 되어 있다. 풀은 겨울이 되면 뿌리만 남고 땅 위 부분은 죽었다가 다시 이듬해 봄이 되면 싹을 틔우는 여러해살이풀과, 한 해 동안 꽃이 피고

▲ 대나무꽃

열매를 맺은 뒤 죽는 한해살이풀로 나눌 수 있다.

　재미있는 것은 목질부라는 나무의 특징을 갖고 있는 대나무가 한해살이풀처럼 일생에 한 번 꽃을 피우면 죽는 특징을 갖고 있다는 것. 게다가 나무와 달리 형성층이 없어 부피 생장을 하지 않는다. 그러니 이거야말로 새인지 쥐인지 헷갈렸던 박쥐처럼 나무인지 풀인지 헷갈린다.

　그래서 대나무는 '외떡잎식물, 벼목, 화본(벼)과 대나무아과에 속하는 상록성 여러해살이식물'로 정의되어 있다. 분류학상으로는 풀에 속한다고 할 수 있겠다.

　나무도 아니고 풀도 아닌 대나무의 또 하나의 특징은 죽순에 있다. '우후죽순'이란 말은 비온 뒤에 죽순이 솟아나는 것처럼 어떤 일이 여기저기서 빠르게 일어나는 걸 뜻한다. 실제 4~5월이면 대나무의 죽순이 땅을 뚫고 올라오는데, 보통 하루에 15센티미터가 자랄 정도로 성장 속도가 무척 빠르다.

　대나무 속을 갈라 보면 텅 빈 것을 볼 수 있다. 대나무가 나무든

▲ 대나무 줄기의 단면(왼쪽)과 죽순(오른쪽)

풀이든 간에 꿋꿋하고 가진 것 없이 청렴한 선비를 닮은 것만은 분명해 보인다.

## 연근이 연의 뿌리가 아니라고? 

"와~, 연꽃이다!"

경복궁에 있는 향원정이라는 정자 앞 연못에 그득한 연꽃을 보고 내가 외친 말이다. 그런데 나중에 알고 보니 그건 연꽃이 아니라 수련이었다. 연꽃이나 수련이나 다 비슷한 거 아니냐고 하겠지만, 둘은 생김새가 확연히 다르다. 그러니 이 참에 연꽃과 수련의 차이를 제대로 알아둔다면 공원에 나갔다 연꽃 비슷한 걸 봤을 때 수련을 연꽃이라 외치는 실수를 하지 않을 수 있다.

연꽃과 수련은 둘 다 수련과에 속하지만 수련은 잎과 꽃이 수면에

떠 있는 데 비해 연꽃은 길다
란 꽃대와 줄기가 모두 물 위로
높게 올라와 있어 확연하게 구
분된다. 수련은 꽃대와 잎자루
가 가늘고 연해서 곧게 세울 수
없는 대신, 연꽃보다 꽃과 잎이
더 크다. 수련의 잎은 둥근 것

▲ 구멍이 숭숭 뚫린 연근

도 있고, 말발굽 모양으로 갈라지는 것도 있다. 예전에 방영되었던 '개
구리 왕눈이'라는 만화영화에서 개구리들이 타고 놀던 것은 바로 이
수련의 잎이었고, 비올 때 우산처럼 쓰고 다니던 것은 바로 연꽃의 잎
이었다!

연꽃은 '연근'이라는 맛있는 반찬거리를 제공하기도 한다. 그런데
'연근'이라면 연의 뿌리일 텐데, 과연 연근은 연의 뿌리가 맞을까?

정답은 NO! 연근은 뿌리가 아니라 땅속줄기다. 연근을 심으면 새
순이 나와 땅속으로 자라면서 마디가 생기고, 그 마디마다 줄기와 잎
이 난다. 한두 마디가 지나면서부터는 잎자루가 물 위로 죽 올라오면
서 자라는데, 땅속줄기에서 6~8번째 마디가 나올 때쯤 각 마디에 한
개씩 꽃대가 올라오기 시작한다. 연근을 먹을 때 보면 구멍이 숭숭 뚫
려 있는데, 이 구멍은 줄기와 잎의 기공에 연결되어 있어 산소를 공급
받는 통로가 된다. 즉 산소가 부족한 물속에서 자라는 열악함을 연근
의 구멍으로 극복한 것이다. 우리가 먹는 연근은 땅속줄기가 발달해
생긴 곁가지로, 전분을 많이 저장하고 있다.

그렇다면 연꽃의 진짜 뿌리는 어디에 있을까? 진짜 뿌리는 땅속줄기의 마디 사이에 수염처럼 나 있다. 땅속에 단단히 붙어 있어 연꽃이 떠내려가지 않게 해 준다.

연꽃은 탁한 물에서도 잘 자란다고 알려져 있다. 실제로 적응력이 높고 번식력이 뛰어나 어느 정도 오염된 물에서도 잘 자라면서 오염된 물을 정화하는 역할을 한다. 게다가 작은 수서동물들의 서식지가 되어 주고, 또 무성하게 자라 그늘을 만들어 연못의 온도가 지나치게 올라가는 것을 막아 준다. 그러니 어찌 무성하게 자란 연꽃을 보고 감탄사를 연발하지 않을 수 있겠는가. 연꽃은 정말 예쁜 꽃이다.

## 시끄러운 매미울음소리는 죄다 수컷?

여름철만 되면 반갑지 않은 손님이 찾아온다. 밤낮 가리지 않고 시끄럽게 울어대는 매미가 바로 그 주인공이다. 보통 5년을 땅속에서 애벌레로 살다가 여름 한철 화려한 생을 꽃피우려는지 웬만한 공사장 소음 저리가라 할 정도로 시끄럽다.

'맴맴' 울어대는 참매미, '지글지글' 우는 유지매미, '쓰름쓰름' 우는 쓰름매미, '찌찌~' 하며 독특하게 우는 털매미, '씨우우 쥬쥬쥬' 하며 우는 애매미, '차르르르' 우는 말매미, '지잉 맹, 지잉 맹' 하며 울다가 '타카 타카 타카' 하며 울음을 그치는 소요산매미 등 가만히 들어 보면 매미의 종류에 따라 울음소리도 개성만점이다. 유지매미나 쓰름

매미는 주로 해질 무렵에 울고, 참매미는 해 뜰 무렵에 울며, 털매미, 애매미, 말매미는 시간 가리지 않고 하루 종일 우는 등 우는 시간도 각양각색이다. 털매미는 다른 매미와 달리 비가 내릴 때도 울음을 그치지 않는 집념의 매미다.

그런데 이렇게 울음을 우는 매미는 죄다 수컷이라는 사실! 실제 수컷 매미의 배 윗부분에는 울음소리를 조절하는 배판이 달려 있는데, 암컷의 경우

▲매미 암수 한 쌍. 왼쪽이 암컷 매미로 배 아래쪽에 산란관이 있다. 오른쪽은 수컷 매미인데 중간 부분의 넓은 배판에서 소리를 낸다.

배판이 퇴화되어 무척 작다. 울고 싶어도 울 수가 없다. 암컷은 대신 꽁무니에 뾰족한 산란관을 갖고 있다. 그래서 암수 매미를 가까이 놓고 뒤집어 관찰해 보면 구별하기 쉽다. 우선 덩치부터 암컷이 수컷보다 더 크다.

암컷 매미가 울고 싶어도 울 수가 없다고 했지만, 사실 암컷 매미는 굳이 울지 않아도 된다. 매미가 우는 것은 짝짓기를 위해 상대를 부르는 신호인데, 이런 구애 행동은 수컷의 몫이기 때문이다. 여름철 2~3주를 살고 죽는 매미에게는 이 짧은 기간이 번식을 해야만 하는 절체절명의 기간이다. 만약 이때 짝짓기를 못한다면 5년 넘게 한 기나긴 땅속 생활이 그야말로 도로아미타불이 되는 셈. 그래서 수컷 매미는 온 힘을 다해 울음을 울어 암컷에게 자신의 위치를 알린다. 암컷은 우렁찬 울음소리를 좋아하기 때문에 수컷들은 물러설 수 없는 울음

소리 경쟁을 펼칠 수밖에 없다. 매미의 울음소리는 암컷을 부르는 구애의 노래인 것이다. 짝짓기를 끝낸 암컷은 나뭇가지에 기다란 산란관을 꽂고 알을 낳는다. 10~40일이 지나면 이 알에서 애벌레가 태어나면서 매미의 긴 기다림이 다시 시작된다.

미국에 나타나는 매미 중에는 17년 매미도 있다고 한다. 17년 동안이나 땅속에서 애벌레로 살다가 한 여름을 보내고 죽는 것이다. 과학자들은 매미가 그렇게 오랫동안 땅속 생활을 하게 된 건 천적을 피하기 위해서라고 보고 있다. 매미의 주기는 5년, 7년, 13년, 17년 이렇게 소수의 주기를 갖는데, 그래야만 동시에 등장하는 것을 최소한으로 줄일 수 있다는 것이다. 매미가 한꺼번에 나타날 경우 천적에게 한



## 매미는 입을 접는다?

재미있는 것은 매미의 입! 매미는 빨대처럼 생긴 기다란 입을 갖고 있다. 하지만 평소에는 다리 사이에 입을 접고 있어 잘 보이지 않는다. 나무의 수액을 빨아먹을 때만 입을 뻗어 나무에 꽂고 수액을 빨아먹는다. 매미는 입 안에 뾰족한 침이 있어 단단한 나무껍질도 쉽게 뚫을 수 있다.

꺼번에 잡아먹힐 수 있기 때문에 겹치지 않게 소수의 주기를 갖게 되었다는 것이다.

그러니 여름철 시끄럽게 우는 매미를 너무 야박하게 구박하지는 말자. 17년이나 기다렸다면 애절할 만도 하지 않겠는가.

## 햇빛을 싫어하는 이끼, 식물 맞아? 

식물은 식물인데 햇빛을 싫어한다? 보드라운 감촉이 반가운 이끼지만, 식물이면서도 응달에서만 살아가는 모습은 신기하기만 하다. 왜 이끼는 이렇게 음지를 좋아하게 되었을까?

이끼는 식물 중에서도 선태식물에 속한다. 선태식물은 물에서 육지로 올라온 최초의 식물로, 흔히 선태식물이라고 하면 이끼류를 말한다. 원래 물속에 살던 식물이 육지로 올라올 때 햇빛이 잘 드는 곳을 선택했다면 어떻게 되었을까? 사방이 물로 촉촉이 감싸여 있다가 햇빛에 둘러싸이게 되었다면 아마 바짝 말라 죽게 되었을 것이다.

하지만 이끼는 똑똑했다. 햇빛이 들지 않으면서 축축한 곳을 선택했다. 이렇게 한 데에는 뿌리가 잘 발달하지 못한 점도 작용했다. 물속에 살 때는 굳이 뿌리가 물을 열심히 빨아들일 필요가 없었다. 그래서 뿌리 대신 온몸으로 물을 흡수하게 되었는데, 육지로 올라와서도 이런 습성대로 공기 중의 수분을 흡수하기에 좋은 축축한 응달에서 살게 된 것이다.

▲ 우산이끼 암수(왼쪽)와 솔이끼 포자낭(오른쪽)

　실제 이끼의 뿌리를 보면 다른 식물처럼 땅속으로 깊게 파고들어가 있지 못하다. 뿌리가 발달되지 않았기에 몸을 지탱하는 역할만 하면 된다. 이런 뿌리를 '헛뿌리'라고 한다.

　조금은 덜 발달된 듯한 이러한 이끼의 특성은 이끼가 살아가는 데 오히려 큰 도움이 되기도 한다. 다른 식물들은 갑작스런 추위가 찾아오면 얼어 죽기 마련이지만, 줄기에 물관과 체관이 발달하지 않은 이끼의 경우 크게 영향을 받지 않는다. 잠시 생장을 멈추었다가 날이 풀리면 다시 생장을 하면 그뿐이다. 더위도 마찬가지. 온몸으로 수분을 흡수하는 이끼는 몸속에 많은 물을 갖고 있기 때문에 쉽게 말라 죽지 않는다. 그래서 갑자기 가뭄이 들어도 몇 주 동안은 끄떡없이 버틸 수 있다. 몇 주가 지나면? 그땐 잎을 말아서 수분이 증발되는 것을 막는 비상조치에 들어간다. 그래서 종종 가뭄이 들었을 때, 갈색으로 변해 쪼그라들어 말라 죽은 듯 보이기도 한다. 하지만 비가 오면 하룻밤 사이에 금세 싱싱한 모습을 회복하는 놀라운 장면을 연출한다.

한편 이끼는 꽃을 피우는 식물이 아니다. 꽃을 피우는 식물보다 진화가 덜 된 이전 단계의 식물로, '포자(홀씨)'를 이용해 번식한다. 이때도 물이 중요한 메신저 역할을 한다. 이끼는 암그루와 수그루가 나뉘어 있는데, 수그루의 정자가 물을 타고 흘러 암그루의 난세포까지 이동해야 수정이 이뤄진다. 그러면 암그루에 포자가 만들어지고, 이 포자가 주변으로 떨어져 나가면서 새로운 이끼로 자라게 된다.

이끼는 축축하고 어두운 응달에 살면서 생태계에 큰 도움을 주고 있기도 하다. 이끼가 사는 환경에선 다른 식물들이 살 수 없어 땅에 영양분이 부족하기 쉽다. 그런데 이끼가 그런 환경에서 씨를 뿌리고 자라고 죽기를 반복하면서 땅에 영양분이 되어 주는 것이다. 또, 약한 헛뿌리라도 흙이 떠내려가는 것을 막는 역할도 한다.

요모조모 이렇게 따져 보니 이끼는 분명 생태계에 도움이 되는 '고마운 식물'이 맞다.

## 개구리가 울면 비가 오는 이유는? 

"개구리 소년 빰빠밤, 개구리 소년 빰빠밤. 네가 울면 무지개 연못에 비가 온단다~♪"

오래전 인기를 끈 만화영화 〈개구리 왕눈이〉의 주제가 가사다. 가사에도 나와 있듯 개구리가 울면 비가 온다는 사실은 이미 많은 사람들이 알고 있는 날씨 상식이다. 그런데 왜, 개구리는 비가 오기 전에

 생물에 둘러싸인 하루

우는 걸까? 아니, 어떻게 비가 올 줄 알고 우는 걸까?

개구리는 물속과 땅 위 모두에서 살 수 있는 양서류다. 수컷이 암컷 등에 올라타서 암컷이 알을 낳으면 거기에 수컷의 정액이 뿌려져 수정이 이뤄지는데, 이후 암컷이 물속에 낳은 알이 부화해 올챙이가 된다. 올챙이 때는 물에서 살기 때문에 아가미로 호흡을 한다. 그러다 개구리가 된 이후에는 아가미 대신 폐와 피부 호흡을 동시에 하게 된다.

개구리의 폐는 사람처럼 부풀려 공기를 들이마실 수 없기 때문에 목을 부풀리거나 움츠리면서 공기를 폐로 보내야 한다. 이렇듯 불완전한 호흡을 하기 때문에 개구리는 30~50퍼센트를 피부 호흡에 의존하고 있다. 그리고 늘 피부가 촉촉이 젖어 있어 산소를 더 많이 흡수하도록 돕는다.

비가 오기 전에는 공기 중의 습도가 높아지게 된다. 그러면 피부로 호흡을 하는 개구리는 높아진 습도를 감지해 활발하게 호흡을 하면서 울어댄다. 즉 개구리가 울면 비가 온다는 말은 습도가 높은 상태에서 활발하게 피부 호흡을 하는 개구리의 생태적 특성에서 나온 말이다.

한편 땅 위와 물속 모두에 알을 낳는 개구리가 발견되어 화제가 된 적이 있다. 그늘이 있는 곳에 사는 광대청개구리는 연못가 식물 위에 알을 낳는데, 그늘이 없는 연못에 사는 광대청개구리들은 대부분 물속에 알을 낳았다는 것이다. 그늘이 없는 물 밖에 알을 낳으면 알이 마를 위험이 있기 때문에 이때는 물속에 알을 낳는다는 것이다. 환경

▲ 광대청개구리(왼쪽), 청개구리 알(오른쪽)

에 따라 다른 이런 행동은 물에서 나와 뭍으로 올라온 동물의 진화 과정을 밝히는 중요한 단서가 될 것으로 기대되고 있다.

한편 개구리는 올챙이 시절에는 수생식물을 먹으면서 살지만, 다리가 나오고 꼬리가 사라져 개구리가 되면 곤충, 달팽이, 파리 등을 즐겨 먹는다. 그러니 물에 떠 있는 개구리밥을 먹을 거라는 오해는 하지 말자. 개구리는 엄연히 육식성이기 때문이다.

## 버섯은 식물보다 동물에 가깝다? 

기온이 올라가는 5, 6월 초여름부터 축축한 여름 장마가 지나고 10월이 되기까지 땅 위로 고개를 내미는 버섯. 여러 가지 음식에, 또 약으로 많은 사람들의 사랑을 받고 있는 버섯은 생각하면 할수록 참 재미있는 생물이다.

사람들은 흔히 땅에서 쑥 올라오는 버섯이니 당연히 식물이라고 생

▲ 화려하지만 맹독을 지닌 독버섯들. 왼쪽부터 독우산광대버섯, 붉은싸리버섯, 광대버섯

각할지 모른다. 하지만 그 역할만 보자면 버섯은 식물이 아니라 오히려 동물에 가깝다. 식물은 광합성을 해서 영양분을 스스로 만들어 살아가지만, 버섯은 스스로 필요한 양분을 만들 수가 없다. 따라서 나무와 같은 숙주에서부터 영양분을 공급받아 살아간다. 그리고 이때 서로 공생을 하기도 하지만 때로는 숙주가 되는 생물체를 분해해서 살기 때문에 자연계에서 버섯은 분해자의 역할을 한다. 이것만 보더라도 충분히 동물에 가깝다.

버섯은 곰팡이에 속한다고도 할 수 있다. 곰팡이는 실 모양의 균사체로 이뤄져 있고 포자로 번식하며, 외부에서 영양분을 흡수하는 생물체인데 버섯도 그런 특징을 모두 갖고 있기 때문이다. 그러니 그 비싼 송이버섯도 곰팡이긴 마찬가지. 송이버섯은 살아 있는 소나무와 공생관계를 이루어야만 살아갈 수 있는 몇 안 되는 아주 귀한 곰팡이다.

버섯이 먹거리가 되기 때문에 간혹 독버섯인 줄 모르고 먹어 사고가 일어나기도 한다. 독버섯에는 화려한 빛깔을 자랑하는 것도 많지만, 독우산광대버섯처럼 몸 전체가 그저 하얗기만 한 것도 있다. 그런데 주의할 점은 독버섯의 독이 영장류와 개에게만 영향을 준다는 것!

그러니 달팽이나 다른 곤충이 버섯을 먹고 있다고 해서 그 버섯을 먹어도 된다고 생각해서는 안 된다. 독버섯을 먹게 되면 적혈구의 세포막이 파괴되어 헤모글로빈이 빠져나가거나 간이 파괴되는 등 죽음에 이를 수도 있다.

우리나라에는 1,500여 종의 버섯이 살고 있다고 한다. 때론 화려하게 때론 소박하게 고개를 내미는 버섯을 보게 된다면 식물보다는 동물에 가까운 버섯을 관찰하는 것도 재밌을 것이다. 물론, 섣불리 먹어서는 절대 안 된다는 것은 명심하자.

## 제비가 낮게 날면 비가 온다? 

봄소식을 전하는 새로 알려진 제비. 필자가 어린 시절만 해도 시골집에는 해마다 제비가 찾아와 진흙을 물어 나르며 집을 짓곤 했었다. 하지만 언제부턴가 제비는 보기 드문 귀한 새가 되었고, 이제 시골집에 가도 제비집을 보기는 쉽지 않다. 처마가 있던 집들이 현대식으로 바뀐 탓도 있겠지만 무엇보다 농약을 많이 쓰는 등 환경이 파괴되면서 우리나라로 오는 제비의 숫자가 줄어든 탓이 크다.

제비는 봄에 우리나라를 찾는 여름 철새로, 베트남이나 미얀마, 태국과 같은 따듯한 곳에서 겨울을 나고 봄에 우리나라를 찾아온다. 80종이 넘는 제비 중 우리나라로 와서 번식을 하는 종류는 제비와 귀제비 두 종류로 알려져 있다. 제비와 귀제비는 모습이 무척 비슷한

데, 제비는 앞가슴이 흰털뿐이지만 귀제비는 세로 줄무늬가 있어 구별된다.

제비집을 떠올려 보면 처마 아래쪽으로 반구 형태의 컵 모양이 생각난다. 제비는 진흙과 마른 짚으로 집을 짓는데, 집을 짓기 위해서는 무려 1,000번이 넘게 재료를 물어 날라야 한다니 그 노력이 그야말로 눈물겹다. 제비와 귀제비는 집 모양도 다르다. 귀제비는 제비와 달리 길쭉하고 좁은 입구가 있는 동굴처럼 생긴 집을 짓는다.

제비는 '물 찬 제비'라는 말이 있을 정도로 날렵하게 하늘을 날아다니며 곤충을 잡아먹는다. 그 모습이 어찌나 날래고 빠른지 공중곡예를 보는 듯하다. 하지만 제비는 몸집에 비해 다리가 작고 약하다. 이 때문에 바닥에 잘 내려앉지 않는다.

그런데 제비가 유독 낮게 날 때가 있다. 바로 비가 오기 전이다. 그래서 사람들은 제비가 낮게 날면 논둑을 터서 비를 대비하기도 했다. 이것은 비가 오기 전 제비의 먹이가 되는 곤충들이 낮게 날기 때문이다. 비가 오기 전에는 공기 중 습도가 올라가게 되고, 그러면 곤충들은 습기 때문에 날기가 힘들어져 풀숲이나 땅 위에 앉게 되는데, 이를 쫓아 제비도 낮게 날게 되는 것이다. 제비가 먹이를 쫓아 공중을 빠르게 날 때는 무려 시속 90킬로미터나 된다고 한다.

한편, 제비의 유명한 제비꼬리는 암컷을 유혹하는 중요한 수단이 된다. 동물의 세계에서 수컷들은 암컷을 유혹하기 위해 화려한 모습을 갖고 있는데 제비꼬리도 그중 하나다. 그래서 수컷 제비들의 꼬리는 점점 더 길게 진화했다. 하지만 그렇다고 해서 무턱대고 꼬리가 길

▲ 물 위를 나는 제비. 긴 꼬리가 멋지다.

어진 것은 아니다. 지나치게 긴 꼬리는 천적을 피해 나는 방향을 바꾸는 데 방해가 되기 때문에 길면서도 비행에 방해가 되지 않을 정도의 꼬리를 갖게 되었다.

올 여름 시골에 가면 제비를 볼 수 있을까? 시골의 처마가 헐리고 현대식 집이 지어진 마당에서 제비를 기다리는 건 아무래도 무리일 듯싶다. 그래도 논에 나가면 곤충을 쫓아 빠르게 비행하는 물 찬 제비의 모습을 보게 되길 기대해 본다.

## 갈대야, 억새야? 

안타까운 사랑 이야기 하나. 쇠돌이는 평소 좋아하던 순례에게 고백을 하기로 했다. 정성스레 편지를 써서 보름달 밤에 동네 근처에 있는 갈대밭에서 만나자고 했다. 쇠돌이는 평소에 순례와 눈빛을 주고받은지라 순례가 꼭 약속 장소에 나올 것이라 믿어 의심치 않았다. 그러나 이게 웬일. 보름날 밤이 다 새도록 산 중턱 갈대밭에서 오매불망 기다렸건만, 순례는 약속 장소에 나타나지 않았다. 크게 상심한 쇠돌이는 이후 상사병을 시름시름 앓다가 세상을 뜨고 말았는데……

순례는 정말 이해할 수가 없었다. 평소에 좋아하던 쇠돌이에게서

편지를 받았을 땐 정말 날아갈 듯 기뻤다. 그래서 보름날이 오길 손꼽아 기다려 갈대밭으로 나갔는데, 이게 웬일? 보름날 밤이 다 새도록 강가에서 애타게 기다렸건만, 쇠돌이는 약속 장소에 나타나질 않는 것이었다! 쇠돌이가 장난한 건가 싶어 크게 상심한 순례는 곧 이웃 마을 점돌이와 홧김에 결혼해 버리고 말았다. 그런데 그 이후, 쇠돌이가 상사병을 앓다 세상을 떴다는 소식이 들려왔는데……. 약속 장소에도 안 나타난 사람이 상사병이라니? 순례는 정말 뭐가 뭔지 알 수 없어 답답해 하다가 결국 화병으로 역시 세상을 뜨고 말았다나 뭐라나…….

상상해 본 이야기지만 이런 일이 있을 수도 있겠다 싶다. 쇠돌이와 순례가 갈대와 억새의 차이를 제대로 몰랐다면 말이다. 쇠돌이는 순례에게 갈대밭에서 보자고 해 놓고 산 중턱에서 기다렸다. 산 중턱이라고 했으니, 사실 쇠돌이는 갈대밭이 아니라 억새밭에서 순례를 기다린 게 분명하다. 갈대와 억새는 둘 다 외떡잎식물로, 화본과 여러해살이풀이지만 자라는 환경부터 다르다. 억새는 대부분 산이나 들에서 자라고, 갈대는 습지나 물가에서만 자라기 때문이다. 그리고 억새가 1~2미터까지 자라는 데 비해 갈대는 3미터 정도까지 자라서 키가 더 크다. 억새와 갈대 둘 다 길다란 잎을 갖고 있지만, 억새의 경우 가운데에 희고 굵은 잎맥을 갖고 있어 쉽게 구분할 수 있다. 게다가 줄기를 잘라 보면, 억새는 속이 차 있지만 갈대는 비어 있다. 또 갈대의 꽃인 이삭은 자주색에서 어두운 흰색으로 변하는데, 열매 종자에 갓털이 달려 있어 바람에 쉽게 날린다. 한편 억새의 이삭은 노란색으로,

▲ 언덕이나 산등성이에 피는 억새(왼쪽)와 물가에 피는 갈대(오른쪽)

줄기 끝에 부채꼴로 촘촘히 달린다.

물가에 사는 갈대는 수질을 정화하는 역할을 한다. 갈대의 뿌리는 길게 가로로 뻗어 있는데, 여기에는 누런 수염뿌리가 많이 달려 있다. 질소나 인과 같은 오염 물질이 물로 들어오면 갈대의 뿌리에 의해 물의 흐름이 느려지고 그 결과 오염 물질이 갈대 뿌리 주변으로 모여들게 된다. 그러면 갈대가 이 물질을 흡수하게 되는데, 그 결과 적조나 녹조와 같은 현상을 막게 된다.

그러니 가을날 산등성이를 오르다가, "이야~! 저기 저 멋진 갈대밭 좀 봐!"라고 말하는 건 틀린 말이다. 산등성이에서 볼 수 있는 건 멋진 갈대밭이 아니라 분명 억새밭일 터이니 말이다. 억울하게 죽은 쇠돌이도 마찬가지. 갈대밭에서 만나자고 했으면 산이 아니라 강가에 있는 갈대밭으로 갔어야 했다. 그러니 안타까운 쇠돌이의 사랑 이야기는 순전히 갈대와 억새를 헷갈린 쇠돌이 자신의 잘못이니 그 누구를 탓하랴.

"산골짝에 다람쥐 아기 다람쥐~ 도토리 점심 가지고 소풍을 간다~♪"

어렸을 때 많이 불렀던 동요의 한 구절이다. 귀엽게 생긴 모습에 사람을 별로 두려워하지 않아 인기 있는 다람쥐. 그런데 정말 다람쥐는 도토리 점심 가지고 소풍을 갈 만큼 도토리를 좋아할까?

우리나라에서 흔히 보이는 다람쥐는 등에 세로로 줄무늬를 갖고 있는 '줄무늬다람쥐'다. 다람쥐는 몸(16센티미터)에 비해 긴 꼬리(11~13센티미터)를 갖고 있는데, 이렇게 긴 꼬리는 다람쥐가 나무를 타거나 뛰어오를 때 몸의 균형을 잡아 주는 역할을 한다. 또, 꼬리를 흔들어 친숙함을 표현하거나 꼬리를 위로 세워 경계를 나타내는 등 꼬리는 의사소통에 중요한 수단이 되기도 한다.

다람쥐는 주로 나무 열매나 씨앗 등을 먹지만, 곤충이나 버섯, 식물의 잎을 먹기도 하는 등 잡식성이다. 흔히 다람쥐를 표현할 땐 도토리를 물고 갉아먹는 장면이 나온다. 하지만 사실 도토리는 다람쥐가 즐겨 먹는 음식이 아니다. 왜냐고? 사실 도토리는 떫은맛이 나기 때문이다. 다람쥐도 도토리가 떫다는 것을 알고 있어 평소에는 도토리를 즐겨 먹지 않는다. 그러니 한창 맛있는 열매가 가득할 때 다람쥐가 도토리 점심을 가지고 소풍을 갈 리 만무하다.

하지만 도토리에는 전분이 많아서 겨울철 비상식량으로는 딱이다. 그래서 다람쥐는 겨울을 앞두고 식량창고로 도토리를 부지런히 물어다 나른다. 늦가을에 다람쥐가 '볼주머니'에 가득 먹이를 넣고 우물거

▲ 겨울이 오기 전에 부지런히 먹이를 물어다 나르는 다람쥐. 많은 양을 한꺼번에 옮기기 위해 양볼 가득 먹이를 물고 우물거린다.

리는 것도 자신의 굴로 한꺼번에 많은 먹이를 옮겨 가기 위해서다. 다람쥐는 보통 땅속이나 나무 구멍에 둥지를 트는데, 여러 개의 방으로 이루어져 있어 새끼를 낳거나 겨울잠을 자거나 식량을 보관하는 장소로 이용한다.

그런데 종종 다람쥐는 도토리를 비롯해 자신이 묻어 놓은 열매를 잊어버리는 경우가 있다. 이런 건망증 덕분에 파묻힌 씨앗이나 열매에



### 다람쥐와 비슷하지만 다른 청설모

요즘은 다람쥐보다 청설모를 보기가 더 쉽다. 귀여운 다람쥐에 비해 검고 큰 청설모는 '유럽다람쥐'라고도 불린다. 청설모의 특징은 귀 위쪽에 삐치듯이 나 있는 털. 땅으로는 거의 내려오지 않고 나무 위에서 생활하는데, 종종 밤나무나 잣나무에 피해를 주는 악동으로 유명하다. 먹이를 물어 나르는 힘이 얼마나 센지, 실제 잘 익은 참외 하나를 물고 나무 위를 기어오르는 일도 있다!

서 싹이 트고 자라 식물이 퍼지게 된다.

한편 다람쥐는 기온이 섭씨 8~10도 아래로 내려가는 10월경, 굴에서 겨울잠을 자기 시작한다. 하지만 다람쥐가 자는 겨울잠은 '가수면 상태'로, 중간중간 깨어나 먹이를 먹고 다시 잠을 자기를 반복한다. 하지만 일정한 온도 이상으로 기온이 올라가지 않으면 굴 밖으로는 나가지 않는다.

## 사과 씨에 독이 들어 있다? 

계모의 시기 때문에 독이 든 사과를 먹고 쓰러졌다 왕자를 만나 살아난 백설공주 이야기는 유명하다. 동화 속에서 계모는 꼬부랑 할머니로 위장해 무시무시하고 복잡한 주술로 독이 든 사과를 만들어 들고 백설공주에게 접근한다. 그런데 만약, 계모인 왕비가 좀 더 과학적 지식을 갖고 있었다면 복잡한 주술이 필요 없었을지도 모른다. 원래 사과에 독이 들어 있다는 사실을 알았다면 말이다.

식물은 스스로를 보호하기 위한 보호 장치를 갖고 있는데, 때로는 고약한 냄새를 풍기기도 하고 또 때로는 쓴맛을 내기도 하고 때로는 날카로운 가시를 갖고 있어 천적의 접근을 막기도 한다. 그리고 사과 씨처럼 먹었을 때 탈이 나는 독성분을 갖고 있는 경우도 있다.

사과 씨에는 '아미그달린'이라는 물질이 들어 있는데, 사과 씨를 통째로 삼키면 별 탈이 나질 않는다. 하지만 사과 씨를 씹어서 부숴 먹

▲ 사과 씨

게 되면 얘기가 달라진다. 아미그달린이 몸속에 들어가 '시안화가스', 즉 청산가스를 내놓는 것. 청산가스는 세포조직이 산소를 공급받는 걸 방해하는 독성 가스로, 아미그달린은 매실 씨나 살구 씨에도 들어 있다.

사과 씨에 독성분을 갖고 있는 것은, 씨를 갉아먹지 못하게 하려는 식물의 방어책이다. 즉 사과 씨를 갉아먹는 대신 그대로 먹고 배설해서 씨앗을 퍼뜨리게 하려는 것이다. 앞에 나온 도토리처럼 떫고 쓴맛으로 보호하는 경우도 있다. 열매가 보랏빛인 작살나무를 비롯해 빨간 열매가 열리는 주목, 산수유, 찔레나무가 바로 그 예다. 이 나무의 열매들은 먹음직스럽게 생긴 겉모습으로 새들을 유혹한다. 하지만 정작 맛이 없기 때문에 새들로부터 지나치게 많이 먹히는 것을 막을 수 있다.

재미있는 것은 그러면서도 먹음직스러운 열매로 새들을 계속 유혹해 씨앗을 퍼뜨리게 한다는 것. 색깔에 속아 열매를 먹은 새들이 여기저기 날아가다 배설을 하게 되면 그곳에 씨앗이 퍼지게 된다. 새들은 이 열매를 먹을 땐 맛이 없다는 걸 알지만 곧 다시 그 탐스러운 열매의 색깔에 속아 또 먹기를 시도한다. 결국 이런 일이 반복되어 씨앗이 널리 퍼질 수 있다.

이쯤 되면 식물들의 생존전략에 놀라지 않을 수 없다. 더불어 사과를 먹을 때 왠지 사과 씨를 건드리기가 두려워지기까지 한다. 하지만 너무 염려하지 않아도 된다. 사과를 비롯해 매실, 살구 등의 씨앗에 들어 있는 독의 양은 매우 적어서 일상생활에서 중독까지 되긴 어렵다고 한다. 그러니 사과 씨를 갈아서 매일, 장기간 복용하지만 않는다면 괜찮다. 대신 과실의 씨앗이 피부미용에는 좋다고 하니, 광고 문구처럼 먹기보다는 피부에 양보하는 편이 낫겠다.

## 비슷비슷한 소나무, 알고 보면 다르다 

이처럼 흔한 나무가 또 있을까? 우리나라 어디를 가든 꼭 보게 되는 나무, 사시사철 푸른 잎을 자랑하는 나무, 노래로까지 불릴 만큼 우리나라 사람들에게 꾸준히 사랑받아오고 있는 나무. 바로 소나무다.

소나무를 연구하는 학자들에 따르면 소나무는 농경문화의 산물이라고 할 수 있다. 원래 한반도에는 참나무와 같은 활엽수가 덮고 있었는데, 사람들이 늘어나면서 숲을 변화시켰다는 것. 즉 사람들은 활엽수의 잎으로 퇴비를 만들어 농사를 짓거나 낙엽을 긁어모아 연료로 썼다. 그러자 숲의 토양이 나빠져 활엽수들은 살아가기 힘들어진 반면 나쁜 토양에서도 잘 견디는 소나무가 자리를 잡게 되었다.

소나무는 한 나무에 암꽃, 수꽃이 모두 있는 자웅동주다. 가지 끝에 달리는 누런 빛깔의 수술에서 만들어진 꽃가루가 바람에 날려 윗가지 끝에 달리는 연보랏빛 암꽃에 달라붙으면 수정이 이뤄지고, 그 결과 솔방울이 된다. 솔방울은 여러 개의 비늘과 같은 조직으로 이뤄져 있는데, 이것을 '인편'이라고 부른다. 가을이 되어 솔방울이 성숙하면 이 인편 사이가 벌어지는데, 그러면 날개를 단 솔방울 종자가 바람을 타고 흩어져 멀리 날아간다.

그런데 소나무는 어딜 가나 다 비슷비슷해 보인다. 사실 침엽수들 전체가 다 비슷해 보이기도 한다. 하지만 자세히 보면 소나무도 종류에 따라 각각 특징이 있다. 주로 잎 묶음을 이루는 잎의 개수에 따라 나누거나, 나무껍질의 색으로 구분한다.

한 묶음에 하나의 잎이 나는 건 미국산 단엽소나무, 그리고 한 묶음에 잎이 두 개 나는 건 소나무(육송)와 '곰솔'로, 곰솔은 해송이라고도 부른다. 한 묶음에 잎이 세 개 나는 건 백송과 리기다소나무이고, 잎이 넷이 나는 건 사엽송, 그리고 다섯인 오엽송은 바로 잣나무다. 한편 나무껍질이 색이 하얀 백송이 있고, 곰솔처럼 검정색인 것도 있다. 이처럼 소나무도 자세히 들여다보면 그 종류와 생김이 다르다.

소나무가 꾸준히 사랑받는 건 꼿꼿하고 푸른 절개를 담은 겉모습 때문만은 아니다. 소나무 숲에 갔을 때 느끼는 상쾌함, 바로 피톤치드 때문이다. 식물은 미생물로부터 자신의 몸을 방어하기 위해 살균 물질을 내놓는데, 이런 물질을

▲ 왼쪽부터 소나무, 리기다 소나무, 섬잣나무, 잣나무의 잎.

통틀어 피톤치드라고 한다. 피톤치드는 곰팡이나 해충 등을 막는 효과가 있는데, 특히 소나무의 피톤치드는 다른 나무보다 10배나 강하게 피톤치드를 내놓는다고 한다. 피톤치드에는 '테르펜'이라는 화학물질들이 들어 있는데, 테르펜이 사람의 자율신경을 자극하고 안정감을 늘려 주고 집중력을 높여 주는 등 몸에 좋은 작용을 하는 것으로 알려져 있다. 이 때문에 사람들은 소나무가 많은 숲을 찾아가 삼림욕을 하기도 한다.

## 숙주는 내 운명? 겨우살이 

여름에는 눈에 잘 띄지 않았는데, 겨울이 되어 참나무가 앙상한 가지만 남고 보니 혹처럼 부푼 부분이 보인다. 얼핏 보면 새둥지 같지만 자세히 보니 새둥지는 아니다. 게다가 다른 가지는 분명 잎이 다 떨어져 앙상한데, 혹처럼 부푼 부분에만 푸른 잎이 Y자 모양으로 나 있다. 혹시 공원을 걷다 이런 나무를 발견한다면, 그건 겨우살이다.

겨우살이는 다른 나무의 줄기에 뿌리를 내리고 살아가는 늘푸른나무로, 이렇게 겨우살이가 뿌리를 내린 부분은 혹처럼 부풀어 올라 커지게 된다. 그래서 이걸 '기생혹'이라고 부른다. 겨우살이는 스스로 광합성을 하면서도 부족한 영양분과 수분을 숙주가 되는 나무에서 얻기 때문에 반기생식물로 불린다.

겨우살이가 이렇게 숙주가 되는 나무를 삶의 터전으로 삼는 건, 땅

▲ 겨우살이

에서는 뿌리를 내리고 양분을 얻을 수 없기 때문이다. 대신 숙주가 되는 나무가 이미 만들어 놓은 영양분과 수분을 빼앗는 얌체짓을 선택했다. 이런 겨우살이의 얌체짓에는 새의 역할이 크다. 겨우살이는 끈끈한 층으로 둘러싸인 열매를 맺는데, 이 열매는 직박구리나 까치 등이 즐겨 먹는다. 그런데 끈끈한 층 때문에 소화가 되지 않고 그대로 배설되는데 이때 끈끈한 과육을 이용해 나무에 달라붙게 된다. 마치 진자처럼 끈끈한 과육에 매달려 있던 씨는 바람에 흔들리다가 적당한 곳에 달라붙어 숙주인 나무줄기 속으로 뿌리를 내리고 자라게 된다.

겨울살이가 완전히 뿌리를 내리면 그 부분은 혹처럼 부풀어 오르고, 숙주가 되는 나무는 애써 만든 영양분을 비롯해 땅에서 빨아들인 물까지 겨우살이에게 빼앗기게 된다. 그 결과 숙주가 되는 나무의 성장은 느려지고, 겨우살이가 뿌리를 내려 벌어진 틈 사이로 해충이 들어와 병충해에 시달리기도 한다.

그렇다면 대체 겨우살이는 언제까지 이렇게 사는 걸까? 안타깝게도 숙주 나무가 죽을 때까지다. 아이러니하게도 겨우살이가 숙주 나무를 죽게 만들고, 그 결과 자신도 죽는 운명인 셈이다. 그 사이 겨우살이의 열매를 먹은 새가 또 다른 숙주 나무에 씨앗을 붙여 준다면 다행히 겨우살이는 또다시 새로운 삶을 이어가게 될 것이다.

## 나비야, 나방이야? 

나비 표본을 전시하는 곳에 가 보면 흔히 나방 표본도 함께 볼 수 있다. 그런데 놀라운 것은, 나방의 모습이 나비 못지않게 화려해서 이게 나방인지 나비인지 헷갈릴 정도라는 것. 그럴 땐 나도 모르게 '이게 나비야, 나방이야?'라고 중얼거리게 된다. 그런데 나비와 나방이 헷갈리는 현상은 비단 나에게만 일어나는 일은 아닐 것이다. 사람들은 흔히 나비는 아름답고 나방은 징그럽다 생각하지만 나비만큼이나 아름답고 화려한 나방도 많이 있기 때문이다. 그렇다면 나비와 나방을 확실하게 구별하는 방법은 무엇이 있을까?

나비와 나방은 둘 다 절지동물문 곤충강 나비목에 속하는 곤충이다. 둘 다 머리, 가슴, 배의 세 부분으로 되어 있고, 한 쌍의 더듬이와 겹눈, 긴 대롱 같은 입을 갖고 있다. 그리고 세 쌍의 다리와 두 쌍의 날개를 갖고 있다. 이처럼 몸의 구조가 거의 흡사해 언뜻 보면 나비인지 나방인지 헷갈리기 쉽다.

하지만 비슷한 생김새 중에서도 확연히 구분되는 부분이 있다. 바로 더듬이! 나비의 더듬이는 끝이 뭉툭하게 둥근 모양으로 꼭 체조 선수들이 쓰는 곤봉처럼 생겼다. 하지만 나방의 수컷 더듬이는 빗살이나 깃털 모양을 하고 있고, 암컷은 실처럼 가늘다. 나비와 달리 나방이 갖고 있는 빗살무늬 더듬이는 수컷 나방이 암컷 나방의 페로몬을 쉽게 알아내는 장치다. 즉 나방은 코가 아니라 더듬이로 냄새를 맡는다고 할 수 있다.

초등학생들도 많이 알고 있는 나비와 나방 구별법은 앉을 때 날개를 펴느냐 접느냐 하는 것. 나비는 양쪽 날개를 등 위로 세워서 앉지만, 나방은 쫙 펴고 앉는다. 여기에 나비는 낮에, 나방은 밤에 활동한다는 점도 나비와 나방의 중요한 다른 점이다.

앞서 나비와 나방 모두 세 쌍의 다리를 가지고 있다고 했다. 이는 곤충의 고유한 특징이기도 하다. 그런데 사실 나비 중에는 다리가 두 쌍, 즉 네 개밖에 없는 나비도 있다. 이름하여 '네발나비'. 사실 네발나비는 앞의 두 개 다리가 퇴화해서 걸을 때는 네 개의 다리로만 걷는다. 앞의 두 다리는 맛을 보는 역할을 담당하고 있다.

이처럼 나비와 나방은 비교적 우리 주변에 흔한 듯하지만 알고 보면 우리가 모르는 이야기들이 많다. 그러니 오늘부터라도 공원에 나가면 낮에는 나비를, 밤에는 나방을 관찰해 보자.

해마다 가을이 되면 벌어지는 놀라운 풍경. 바로 단풍이다. 나는 단풍을 그저 '놀랍다'고 표현할 수밖에 없다고 생각한다. 알록달록 곱디고운 색으로 온 산이 물들 때면 자연의 경이로움은 극치를 이룬다.

그런데 노랗게 물든 단풍은 원래부터 그 자리에 있었다. 그러니까 가을이 되었다고 해서 없던 노란색이 생긴 게 아니라, 원래 있던 색이 드러난 것이다.

식물은 영양분을 만들기 위해 햇빛을 받아 광합성 작용을 하는데, 이때 엽록체가 관여한다. 그리고 이 엽록체에는 초록색의 엽록소와 노란색의 카로티노이드가 함께 들어 있는데, 봄부터 여름까지는 광합성이 활발해 초록색만 두드러진다. 즉 초록색 때문에 노란색이 묻혀 보이지 않았을 뿐이다. 기온이 내려가 잎에서 더 이상 엽록소를 만들지 못하면 광합성 작용도 할 수 없게 된다. 그러면 잎자루와 가지 사이에 '떨켜'가 생기면서 나뭇가지와 잎을 이어주는 물관과 체관을 막아 버린다. 그러면 이미 만들어져 있던 탄수화물로 효소 작용이 일어나 엽

▲ 잎자루에서 잎이 분리되는 과정. 떨켜가 생성되어 나뭇잎이 쉽게 분리된다.

▲ 가을이 되면 나뭇잎 속의 엽록소가 분해되면서 울긋불긋한 단풍 색이 드러난다.

록소가 분해되면서 결국 감춰져 있던 노란색이 드러난다.

이 때문에 봄철에도 노란색 단풍이 보일 때가 있다. 물론 광합성이 활발해져 초록색이 강하게 드러나기 전 잠깐 동안이지만 말이다. 그러니 은행나무는 이미 봄, 여름 동안 노란 단풍이 들어 있던 셈으로, 다만 초록 아래 감추고 있었을 뿐이다. 한편 붉은색의 단풍은 안토시안이라는 색소 때문이다. 엽록소가 파괴될 때 붉은색의 안토시안이 만들어진다.

단풍의 색이 조금씩 다른 것은 어떤 색소를 얼마큼 갖고 있는지가 나무마다 다르고, 엽록소가 분해되는 양과 탄수화물의 양이 다르기 때문이다. 참나무과의 나무들은 타닌 성분을 갖고 있어 단풍이 갈색을 띤다. 여기에 기온이나 햇볕 등의 환경도 영향을 주는데, 적절한 햇볕을 받으며 일정기간 낮은 온도가 계속될 때, 그리고 낮과 밤의 온도 차이가 클 때 단풍 색이 곱다고 알려져 있다.

기온이 내려감에 따라 식물이 잎을 떨구는 과정에서 단풍이 드는 것이니 당연히 단풍은 북쪽에서부터 물들기 시작한다. 또, 한 나무에서는 굵은 잎맥에서 가장 먼 곳부터 들기 시작해 전체로 번진다. 그렇게 나무 전체가 단풍으로 물든 뒤, 나무는 낙엽으로 잎을 떨구어 겨울을 준비한다.

## 박쥐는 똥도 거꾸로 눌까?

우화 때문일까? 박쥐는 간에 붙었다, 쓸개에 붙었다 하는 조금은 얄미운 동물로 알려져 왔다. 물론 그 근본은 새처럼 하늘을 날면서 쥐처럼 생긴 모양새에 있다. 하지만 박쥐는 유일하게 하늘을 날 수 있는 엄연한 포유류다. 그런데 영화 〈배트맨〉이 나오면서부터 박쥐에 대한 인상이 달라진 듯하다. 뭔가 음습하지만 정의롭고, 꽤 근사한 이미지를 갖게 된 것이다. 물론 주인공의 잘생긴 외모 덕이 크다.

하지만 뭐니 뭐니 해도 박쥐 하면 떠오르는 이미지는 초음파를 낸다는 것과 거꾸로 매달린다는 것. 박쥐는 야행성으로, 어둠 속에서 날아다닐 때 초음파를 쏴서 물체를 파악한다. 높은 주파수를 가진 음파를 쏘아 물체에 부딪히게 한 뒤, 물체에서 반사되는 초음파를 다시 인식해 물체의 크기나 물체와의 거리 등을 알아낸다.

그런데 오래전부터 과학자들 사이에서는 박쥐의 초음파 능력이 먼저 생겼는지, 아니면 날아다니는 능력이 먼저 생겼는지 계속 논란이 되어 왔다. 그러던 중 2008년 2월, 과학잡지 「네이처」에는 최초의 박쥐는 초음파 능력이 없었다는 연구결과가 발표되었다. 미국 뉴욕에 있는

풉……. 너, 설마 똥도 그렇게 거꾸로 매달려서 더럽게 싸는 건 아니겠지?
잘 봐. 이렇게 발톱으로 버티고 있는 거 안 보여?
이봐, 박쥐를 무시하지 말라구!!

자연사박물관의 낸시 시몬스 박사 팀이 고대 박쥐의 화석을 연구한 결과, 화석에 날개는 있었지만 초음파 발생 기관은 없었다는 것이다.

다음은 거꾸로 매달리기. 박쥐는 훨훨 하늘을 날다가도 나뭇가지나 동굴 속에 거꾸로 매달려 휴식을 취하거나 잠을 잔다. 거꾸로 매달리는 일이 어려운 사람들에게는 그야말로 신기한 모습이다. 하지만 사실 박쥐는 서 있을 수가 없어 거꾸로 매달릴 수밖에 없는 신세다. 하늘을 날기 위해서 몸이 가벼워지는 쪽으로 진화하면서 두 다리의 근육이 퇴화해 힘줄만 남게 된 것이다. 결국 두 다리로는 몸을 지탱해 서 있을 수 없게 되었고 대신 발톱과 힘줄로 거꾸로 매달려 있게 된 것이다.

재미있는 것은, 이렇게 거꾸로 매달려 생활하는 박쥐가 몸을 비틀어 똑바로 할 때가 있다는 것이다. 바로 볼 일을 볼 때다. 만약 거꾸로 매달린 채 똥을 눈다면 어떻게 될까? 아래로 떨어지는 똥이 그대로 박쥐 몸에 묻게 될 것이다. 으, 생각만 해도 박쥐 체면이 말이 아니다. 하지만 박쥐는 현명하게도 배설을 할 때는 날개 끝에 있는 발톱으로 천장을 잡고 몸을 돌려 엉덩이를 아래로 하는 방법을 찾아냈다. 몸에 묻지 않고 깨끗하게 배설을 끝낸 뒤, 박쥐는 다시 몸을 돌려 거꾸로 매달린다.

그렇다면 새끼도 몸을 돌려 똑바로 낳을까? 만약 그렇게 한다면 새끼는 중력에 의해 아래로 뚝! 떨어지고 말 것이다. 그래서 박쥐는 거꾸로 매달린 채 새끼를 낳는다. 이때는 꼬리와 뒷다리 사이에 있는 '미막'이라는 얇은 막을 이용한다. 거꾸로 매달린 채 새끼를 낳으면서 이 미막을 주머니 형태로 만들어 새끼를 받는 것이다. 새끼를 낳은 다음에는 어떻게 하느냐고? 물론 포유류답게 젖을 먹인다.

'만약의 세계'를 생각해 보자. 태초에 바다가 없었다면?
시원하게 부서지는 파도를 감상할 수 없었겠지?
눈부신 일출도, 뭉클한 일몰도 몰랐을 것이다.
한 단계 더 생각해 보면 아마 오늘날 다양한 생명체는
없었을 것이다. 바다는 태초에 지구의 생명을 낳은
어머니와 같은 곳이기 때문이다.

PART 5
바닷가에서 궁금한
생물 이야기
공원
AB

  가장 큰 해양 포유류는? 바로 고래다. 유선형 몸매로 거침없이 바다를 누비는 모습에 흔히 거대한 물고기라고 표현하곤 하지만, 고래는 분명 물고기가 아닌 포유류다. 일정한 체온을 유지하는 온혈동물로, 허파로 숨을 쉬고 새끼를 낳아 젖을 먹여 기른다.

  재미있는 사실은 지구의 생명체는 바다에서부터 생겨나 육지로 진화해 오늘날 다양한 생명체로 거듭나게 되었지만, 고래는 그 반대로 진화하면서 바다로 돌아갔다는 것이다. 미국 오하이오대학교 한스 테비센 교수 팀은 4,800만 년 전 물가에 살았던 '인도휴스'라는 동물이 고래의 조상이라고 발표했다. 이 동물은 발굽이 달린 동물로 너구리만 한 크기지만, 화석을 연구한 결과 두개골과 귀, 작은 어금니가 고래와 매우 비슷하게 나왔다고 한다. 게다가 뼈의 구조와 이빨 성분이 하마처럼 물속을 거닐며 살기에 적당했다. 따라서 원래 초식동물이었던 인도휴스가 얕은 물가에서 살다가 바다 생물로 진화한 것이다.

  그렇다면 인도휴스는 왜 다른 생물과 반대로 바다로 돌아갔을까? 과학자들은 먹이 다툼이 치열한 육지를 떠나 움직이기 쉽고 먹이가 풍부한 바다를 택했을 것으로 보고 있다.

  고래는 사람처럼 허파로 숨을 쉬지만, 사람과 달리 호흡과 혈류량, 심장박동 수를 조절할 수가 있다. 그래서 잠수할 때는 맥박을 느리게 해서 산소를 아낄 수 있으며, 콧구멍이 위쪽을 향해 있어 머리 전체를 물 밖으로 내놓지 않아도 숨을 쉴 수 있다. 또한 뒷발이 사라진

너희는 왜 땅에서 살다가 바다로 온 거야?
흑흑……. 우리 조상님들이 살 때도 육지는 식량 경쟁이 너무 심해서……. 비교적 먹이를 얻기 편한 바다로 온 거야. ㅠㅠ
덜 덜
덜

대신 수평으로 된 꼬리지느러미가 있어 힘 좋게 물 위로 솟아오를 수 있다. 게다가 깊은 바닷속에서는 압력에 견디기 위해 갈비뼈를 접을 수도 있으며, 체온을 유지할 수 있도록 피부에 두꺼운 지방층을 갖고 있다. 여기에 육상 포유류의 3분의 1 정도 크기밖에 안 되는 반고리관을 갖고 있어, 물속에서 방향을 틀 때 현기증을 덜 느낀다. 고래의 이러한 모든 특징은 바다에서 살아가기 좋게 진화한 덕분이다.

고래에 대한 흔한 오해 중의 하나는 물 뿜기! 고래가 물 밖으로 분수처럼 내뿜는 물기둥을 보면서 우리는 흔히 고래가 물을 뿜고 있다고 생각한다. 하지만 사실 이 물기둥은 참았던 숨을 쉴 때 생기는 것으로, '분기'라고 한다. 즉 고래는 분기공을 통해 물을 뿜는 게 아니라 참았던 숨을 내쉬는 것! 그러면서 몸속의 따뜻한 공기를 내뿜기 때문에 이 공기가 차가운 바닷물과 만나 응결하게 되고, 그 결과 분수처럼 물방울이 맺히는 것이다.

전 세계적으로 상업적인 포경이 금지되면서 우리나라에도 고래가 다시 돌아오고 있다는 소식이 들린다. 하지만 여전히 불법 포획이 이뤄지고 있고 일본의 경우는 상업적 포경을 주장하기도 한다. 바다에서 살기 위해 진화했지만 사람들 손에 무참히 포획되어 다시 육지로 끌어내지는 고래. 고래 입장에서 보자면 그야말로 통탄할 일이 아닐 수 없다.

# 아빠가 새끼를 낳는 해마

2008년 7월 초, 남자가 아이를 낳은 일이 세상을 떠들썩하게 했다. 주인공은 바로 토마스 비티라는 미국의 한 남성. 토마스 비티는 원래 여자였지만, 가슴을 절제하고 성호르몬 요법을 통해 남성으로 성전환을 해 법적으로 남성이 되었다. 그리고 낸시라는 여성과 결혼도 했다. 하지만 아내가 아이를 낳을 수 없게 되자, 비티는 정자를 기증받아 본인 스스로 임신을 하고 아이를 낳는다. 성전환 수술을 하면서도 여성의 생식기관을 남겨 두었기에 가능한 일이었다.

이렇게 아빠가 임신한 게 뉴스가 되는 이유는, 임신은 여성 그러니까 암컷의 역할이기 때문이다. 사람의 경우도 남성의 정자와 여성의 난자가 만나 수정이 이뤄지면 여성의 자궁 안에서 태아가 자라게 된다. 새끼를 낳는 다른 동물들도 대부분 마찬가지다.

그런데 사람 사는 세상과 달리 아빠가 새끼를 낳는 일이 아주 당연한 물고기가 있다. 바로 머리가 말을 닮았다는 뜻의 이름이 붙은 '해마'다. 6~10센티미터밖에 안 되는 작은 몸은 온통 딱딱한 골판으로 뒤덮여 있는데, 돌돌 말린 꼬리로 해조류를 쥐고 있으면서 보호색을 띠어 눈에 잘 띄지 않는다.

해마는 수컷이 꼬리 쪽에 육아낭을 갖고 있다. 암컷이 이 육아낭에 산란관을 집어넣고 알을 낳으면 그 안에서 수정이 이루어져 새끼들이 태어난다. 그야말로 임신한 아빠가 되는 것! 알을 깨고 나온 새끼들은 어느 정도 자랄 때까지 아빠의 육아낭에서 분비물을 받아먹으

▲ 수컷의 육아낭에 알을 낳고 있는 암컷 해마

면서 자란다. 그 결과 새끼들이 자라면서 수컷 해마의 배는 점점 커져 그야말로 배부른 상태가 된다. 이때 해마 암컷은 뭘 할까? 정기적으로 수컷을 찾아와 임신 상태를 살핀다고 한다. 그리고 2~6주 후 드디어 수컷 해마는 100~200마리의 새끼를 낳게 된다. 해마의 사촌뻘인 해룡도 비슷하게 수컷이 새끼를 낳는다.

## 산호가 동물이라고? 

화려한 열대 바다 하면 떠오르는 것은? 화려한 열대 물고기? 물론 맞다. 하지만 열대 물고기 옆에 빠지지 않고 등장하는 것이 있으니, 바로 산호! 마치 아름다운 바닷속 정원의 꽃처럼 화려한 산호는 시선을 사로잡는다. 잠깐, 그런데 산호가 마치 아름다운 정원의 꽃이라고? 그렇다면 산호는 식물일까?

산호는 식물처럼 보이지만 사실 식물이 아닌 엄연한 동물이다. 실제로 200여 년 전까지 대부분의 사람들이 산호를 식물이라고 생각했지만, 산호는 분명 자포동물문 산호충강에 속하는 동물이다. 해파리, 말미잘과 같은 자포동물 중 하나이다. 암수 생식기관을 한몸에 갖고 있

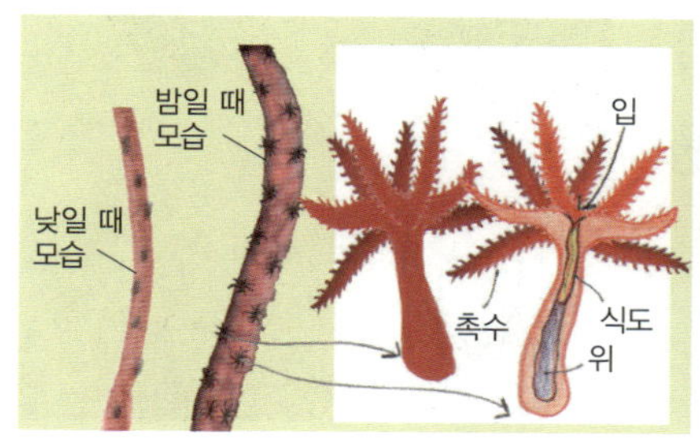

▲ 연산호의 내부 구조와 눈에 보이는 모습

는 암수한몸으로, 산호들은 밤에 알과 정자를 동시에 방출해 수정을 이룬다. 낮에 알을 내놓으면 물고기들의 한입 거리가 되기 때문에 밤을 이용하는 것이다. 산호는 이렇게 알에서부터 시작하는 유성생식뿐만 아니라 몸의 일부가 자라 새로운 개체가 되는 출아법으로도 번식한다.

유성생식이든 출아법이든 산호는 '폴립'이라는 단위에서부터 자라기 시작하는데, 이 폴립이 점점 자라 연결되면서 마치 나무의 가지가 뻗듯 자라게 된다. 그 결과 이후에는 수천, 수만 개의 '군체'를 이룬다. 산호는 폴립을 통해 석회질이나 탄산칼슘을 분비한다. 그 결과 산호 주변에는 단단한 석회질이 쌓

▲ 산호의 가장 작은 단위인 폴립

이게 되어 석회질로 이루어진 암초라고 할 수 있는 산호초를 이룬다. 즉 산호는 자포동물에 속하는 하나의 동물이고, 산호초는 산호가 군체를 이루어 살고 있는 서식지인 셈! 이와 같은 특징 때문에 산호는

▲ 돌산호의 구조. 연산호와는 다르게 아래쪽이 석회질로 되어 있다.

해파리처럼 촉수를 갖고 있으면서도 석회질 골격을 지니고 있다. 그래서 동물이면서도 마치 식물처럼 보이는 것이다.

한편, 산호는 크게 딱딱한 돌산호와 연한 산호로 나눌 수 있다. 돌산호는 단단한 석회질 골격을 갖고 있고, 연산호는 딱딱한 골격 대신 폴립 아래에 젤리 같은 조직을 갖고 있다. 즉 산호초를 만드는 것은 돌산호다.

산호는 무엇보다 화려한 색으로 아름다운 바닷속을 대표한다. 그런데 놀랍게도 화려한 산호의 색은 실제 산호의 색이 아니라는 사실! 사실 산호는 탄산칼슘으로 이뤄져 하얀색을 띠는 게 당연하다. 하지만 산호와 공생하는 충조류의 색소 덕분에 화려하고 아름다운 색깔을 갖게 되었다. 충조류는 조류의 일종으로, 광합성을 해서 영양분과 산소를 산호에게 제공한다. 대신 자신에게 필요한 이산화탄소와 영양염류를 비롯해 안전한 서식지를 제공받는다. 그래서 산호에서 충조류가 다 빠져나가면 산호가 하얗게 변하는 백화현상이 일어난다.

최근에는 지구온난화로 바닷물의 온도가 올라가면서 산호의 백화현상이 환경 파괴의 신호가 되고 있다. 산호는 수심이 얕고 햇볕이 잘

드는 따뜻한 바다에 살고 있기 때문에 산호초는 여러 해양생물의 서식지로 인기가 높다. 실제 지구상에 살고 있는 물고기의 3분의 1 정도가 산호초에서 발견될 정도다. 그러니 산호의 백화현상은 단순히 산호만을 위협하는 것이 아니라 수많은 물고기를 위협한다고 할 수 있다.

## 문어 대가리는 어디일까?

"낙지 대가리가 최고여~!"

얼마 전 낙지요리를 먹으러 갔을 때 식당 아주머니가 한 말이다. 낙지 중에서도 대가리가 최고니, 그 부분을 꼭 먹어야 한단다. 그러면서 가리킨 부분은 누가 봐도 대머리처럼 생긴 둥그런 부분. 그러고 보니 사람들이 대머리를 '문어 대가리'라고 놀리는 게 떠오른다. 아하, 저 둥그런 부분이 낙지나 문어나 나아가 오징어의 대가리 부분인가?

하지만 식당 아주머니께서도 뭔가 잘못 알고 있다는 건 낙지나 오징어가 어디에 속하는지만 알아보면 금세 알 수 있다. 낙지, 문어, 오징어 등은 몸이 흐물흐물한 연체동물에 속한다. 물론 문어나 오징어는 원래 딱딱한 껍질이 있었지만 퇴화해서 오늘날에는 몸 가운데에 딱딱한 하나의 줄로만 남아 있다. 연체동물은 다시 복족류와 이매패류, 그리고 두족류로 나눌 수 있다. 복족류는 달팽이처럼 배로 기어다니는 종류이고, 조개나 굴처럼 한 쌍의 껍데기가 있는 것은 이매패류다. 그리고 낙지, 오징어, 문어처럼 대가리와 다리가 붙어 있는 종류가 바로 두족류다.

머리와 다리가 붙어 있어서 두족류라고? 곰곰이 생각해 보자. 분명 오징어나 문어의 다리는 빨판이 있는 기다란 그것을 가리키는 말이다. 그렇다면 이 다리에 대가리가 붙어 있다고? 맞다. 다리에 바로 이어서 붙어 있는 눈이 있는 부분이 바로 대가리다. 그렇다면 대머리처럼 둥그스름한 그것은? 바로 몸통이다. 즉 오징어나 문어 모두 다리 위에 대가리가 바로 붙어 있고, 그 위에 몸통이 달린 구조다.

그러니 우리가 대가리라고 부르던 몸통에는 내장기관을 비롯해 먹물을 뿜는 먹물주머니가 들어 있고, 실제 뇌는 몸통 가운데 부분에 들어 있다.

오징어와 문어의 가장 큰 차이는 다리의 개수다. 둘 다 연체동물이고, 두족류이지만 오징어는 다리 개수가 10개이고, 문어는 8개다. 낙지와 쭈꾸미의 경우도 다리가 8개다. 그래서 낙지와 쭈꾸미는 둘 다 팔완목 문어과에 속한다. 오징어는 십완목이다.

한편 지난 2005년에는 오징어가 짝짓기를 위해 변장한다는 연구결과가 「네이처」에 발표되기도 했다. 주인공은 호주 오징어로, 덩치가 큰 수컷에 둘러싸인 암컷과 짝짓기를 하기 위해 상대적으로 덩치가 작은 수컷은 재빠르게 암컷으로 위장해 접근했다. 연구 팀의 관찰 결과 1분에 무려 10~15번이나 위장을 했고, 그 결과 변장한 수컷 중 60퍼센트가 짝짓기에 성공했다고 한다.

이제 두족류에 대해 알았다면 대머리를 가리켜 '문어 대가리'라고 놀려서는 안 되겠다. 굳이 놀리고 싶다면 '문어 몸통'이라고 해야 과학적으로 옳은 말이다.

## 불가사리의 다리는 몇 개?

별 모양으로 낭만적으로 보이다가도 굴, 조개와 같은 어장 자원에 피해를 주기 때문에 살벌하게 느껴지는 불가사리. 불가사리는 바닷가에서 무척 흔하게 볼 수 있는 해양생물이다.

그런데 방사 대칭으로 다섯 갈래로 나뉜 불가사리를 보면 마치 다리가 다섯 개 있는 듯 생각되기도 한다. 하지만 다섯 갈래로 나뉜 건 불가사리의 다리가 아니라 팔! 불가사리는 중앙에 '중앙반'이라는 원판처럼 생긴 중심구조에서부터 사방으로 다섯 갈래로 팔이 뻗어나가 있다.

그렇다면 실제 발은 어디에 있을까? 불가사리의 발은 '관족'으로, 불가사리의 아랫면에 대롱 모양으로 여러 개가 달려 있다. 불가사리는 다른 동물에 없는 '수관계'를 갖고 있는데, 수관계는 몸속에서 물을 순환시켜 주는 기관이다. 관족도 바로 이 수관계로, 불가사리가 움직이고 숨을 쉴 수 있게 해 줄 뿐만 아니라 몸속의 물질을 밖으로 빼내는 역할도 한다. 이 관족으로 바닥을 부지런히 기어 다니며 굴이나 조개 등을 잡아먹는다.

불가사리나 성게는 바닥을 기어 다니며 살아가기 때문에 입이 바

자, 약속대로 맞춤 신발을 사왔어~.
겨우 다섯 개? 넌 내 발이 뭔지도 모르는구나?
어휴~ 한소리 듣겠네.

닥쪽, 즉 아래에 있다. 그리고 항문은 입의 반대쪽인 몸의 위쪽에 있다. 즉 우리가 볼 때 잘 보이는 곳에 항문이, 뒤집어 봐야 하는 곳에 입이 있는 것이다. 철저하게 습성에 맞게 먹이를 먹고 살아가기 위한 구조다.

불가사리의 또 하나의 특징은 바로 몸을 잘라도 죽지 않는다는 것. 중심구조인 중앙반이 5분의 1만 붙어 있어도 재생이 가능하다. 어떻게 이런 일이 가능할까?

뛰어난 재생능력은 활발한 체세포 분열 덕분이다. 생물은 체세포 분열을 통해 세포의 수를 늘리는 성장을 하는데, 빠른 체세포 분열이 있어야만 불가사리에서처럼 잘려나간 팔이 다시 생기는 등 사라진 조직이 다시 만들어질 수 있다. 이러한 재생능력을 가진 동물로는 지렁이, 플라나리아, 도롱뇽, 도마뱀 등이 있는데, 주로 몸의 구조나 기능이 단순한 동물들이다.

갈수록 그 수가 늘어나 어장에 피해를 주면서 사람들에게 반갑지



## 불가사리의 다리에는 렌즈가 달렸다?

지난 2001년, 벨연구소 조애너 에이젠버그 박사 팀은 심해에 사는 거미불가사리의 다리에 빛을 감지하는 기관이 있다는 것을 발견했다. 탄산칼슘으로 이뤄진 이 기관은 돋보기처럼 볼록하게 생겼으며 머리카락 굵기의 5분의 1 정도로 초소형이다. 연구 팀은 이 렌즈가 외부의 빛을 50배 이상 증폭해 신경에 전달한다는 걸 알아냈다. 즉 거미불가사리가 바닷속에서 희미한 빛을 느낄 수 있게 해 주는 역할을 하는 것이다. 게다가 천적의 그림자를 쉽게 볼 수 있어 도망가는 데도 유리하다고 하니, 렌즈 달린 다리는 어두운 심해에 사는 거미불가사리의 중요한 생존수단이다.

않은 별이 되고 있는 불가사리. 하지만 불가사리가 반갑지 않다고 해서 뎅강 잘라 버리는 실수를 범하지 말아야겠다. 어느 새 잘려진 부분이 새로운 불가사리로 자랄 것이기 때문이다.

## 바다가 빨개졌다고? 

2008 베이징 올림픽을 앞두고 요트 경기장에 비상이 걸렸단 얘기가 들려 왔다. 요트 경기를 펼칠 청도 연안이 온통 녹색으로 변해 군대가 투입되어 긴급 복구 중이란다. 강물이 온통 녹색으로 변했다고? 바로 녹조 때문이다.

녹조란 민물에서 발생하는 것으로, 물에 지나치게 영양물질이 많을 경우 식물성 플랑크톤이 다량으로 번식해서 일어나는 현상이다. 이때 영양물질은 주로 인, 질소 등으로 생활하수나 폐수 등의 오염물질이 강으로 흘러들어 생긴다. 그 결과 식물성 플랑크톤이 많이 생기게 되면 물속의 산소가 줄어들어 악취가 나게 되고, 그 물에 사는 물고기를 비롯한 생물들은 산소가 부족해 죽기도 한다. 중국 청도 연안에 가득한 녹조는 강에서 생긴 녹조가 흘러들어 생긴 것이었다.

민물에 녹조가 생기는 것처럼 바다에는 적조가 있다. 오염된 강물을 따라 영양염류가 바다로 흘러들어가게 되면 바닷물에 지나치게 영양성분이 많아지고 그 결과 조류가 대량으로 번식하게 되는 것이다. 적조도 녹조와 마찬가지로 물속의 산소를 부족하게 만든다. 조류가

▲ 적조 현상

영양염류를 분해할 때 물속의 산소를 이용하기 때문이다. 게다가 독소를 내놓기도 하고, 대량 번식한 조류들이 물의 표면을 덮으면 햇빛이 물속으로 들어가지 못해 물이 썩게 된다. 또한 적조는 물고기들의 아가미에 달라붙어 호흡을 방해하기 때문에 특히 양식장의 경우 물고기가 집단 폐사하는 일이 일어나곤 한다.

해마다 여름철이면 우리나라 남해안에도 적조 경보가 발령되곤 한다. 적조는 보통 바닷물의 온도가 섭씨 15~20도쯤 되는 여름철에 많이 일어난다. 적조 경보가 발령되면 쉽게 볼 수 있는 풍경으로는 적조가 생긴 바다에 누렇게 뿌려지는 황토다. 황토는 물속의 영양염류나 조류에 잘 달라붙는 성질이 있어 적조를 없애는 데 효과적이라고 알려져 있다.

그런데 지난 2006년에는 한국해양연구원 극지연구소의 이홍금 박사 팀이, 우리나라 제주 앞바다에서 발견한 미생물이 적조를 일으키는 조류를 없애는 효과가 있다는 걸 알아냈다고 발표했다. 하헬라제주엔시스라고 이름 붙은 이 미생물이 우리나라 대표 적조 생물인 '코클로디니움 폴리크리고이디스'를 죽이는 것을 확인한 것이다.

## 바닷속에 공장이 있다고?

아주아주 깊은 바닷속은 어떤 모습일까? 아주 깊고 깊은 바닷속이니 햇빛도 거의 들지 않아 어두울 테고, 대부분이 조용할 듯싶다. 하지만 심해에서도 조용하지 않은 곳이 있다. 이곳에선 마치 공장처럼 연기가 솟아오르고 으르렁대는 소리도 난다. 바로 열수분출공지대다.

열수분출공은 해저 화산 활동으로 생겨난 지형이다. 해저 틈을 따라 스며든 바닷물은 뜨거운 해양지각을 만나 광물질이 풍부하게 들어 있는 뜨거운 물이 되어 다시 위로 올라간다. 이렇게 열수가 뿜어져 나올 때는 열수에 녹아 있던 황을 비롯한 광물질이 분출공 주변에 쌓이면서 굴뚝같은 모습을 이룬다. 그 결과 열수분출공이 만들어진다. 열수분출공의 구멍으로 연기처럼 뿜어져 나오는 것은 섭씨 350~400도나 되는 뜨거운 물로, 광물질과 유독한 물질로 가득 차 있다.

놀라운 것은, 이렇게 유독가스로 넘쳐나는 어두운 열수분출공에도 생물들이 살고 있다는 것이다! 관벌레를 비롯해 관해파리, 폼페이벌

레, 등가시치 등 뜨겁고 독소 가
득한 열수분출공에도 엄연히 생
태계가 존재한다. 심지어 유독
한 가스가 생성되는 곳의 주변
생물들은 유독가스의 주성분인
황을 에너지원으로 이용하기까
지 한다.

관벌레의 경우, 몸에 독특한
박테리아를 갖고 있다. 이 박테
리아는 살아가기 위해 황화수
소 분자의 에너지를 이용한다.

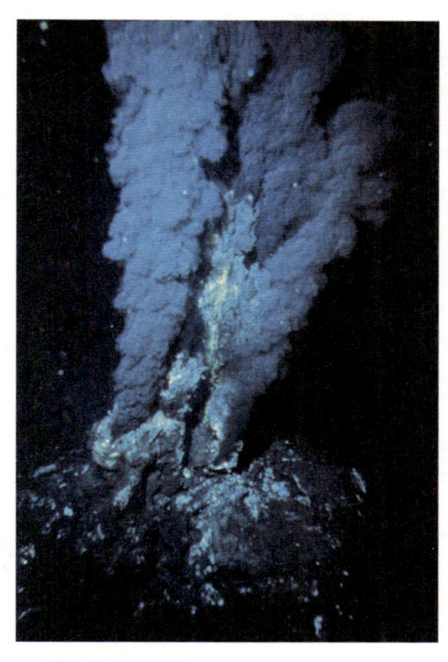

▲ 심해 열수분출공

즉 박테리아는 관벌레에 붙어 공생하면서 에너지원인 황화수소를 얻
고, 관벌레에게는 대사를 통해 만들어 낸 유기물을 공급한다. 관벌레
는 그 유기물을 받아먹는다. 그래서 다른 생물에게는 독이 되는 황화
수소를 관벌레는 현명하게 이용하며 살아갈 수 있다.

그런데 잠깐. 열수분출공을 통해 뿜어져 나오는 것이 섭씨 350~
400도의 뜨거운 물인데도 액체 상태로 존재하는 이유는 뭘까? 그건
바로 높은 심해의 압력 때문이다. 보통 10미터 내려갈 때마다 1기압
이 상승하기 때문에 약 10킬로미터 깊이의 바닷속에서는 1,000기압
가까운 수압이 작용한다. 이처럼 심해는 압력이 워낙 높기 때문에 물
의 끓는점도 높아져 350~400도에서도 액체 상태로 존재할 수 있다.

"펄펄~ 눈이 옵니다. 하늘에서 눈이 옵니다."

동요에도 나오듯 눈이란 자고로 하늘에서 내리는 것. 그런데 바닷속에서 눈이 내린다니, 그게 가능한 일일까? 물론 가능하다. 단 하늘에서 내리는 눈과 성분은 다르다.

'바다 눈'이라고 불리는 것은 심해에서 볼 수 있는 현상이다. 심해는 보통 깊이 200미터 이상의 바닷속을 말한다. 표면에서 200미터까지는 '유광층'으로 햇빛이 잘 들기 때문에 해조류나 식물성 플랑크톤이 광합성을 해서 먹이가 풍부하다. 따라서 유광층에 많은 해양 생물들이 살아간다. 유광층 아래로 박광층(200~1,000미터)과 무광층(1,000~6,000미터)을 거치면서는 햇빛이 거의 들지 않기 때문에 점점 살아가는 생물 수가 줄고, 특히 무광층에서는 높은 압력과 빛이 없는 환경에 적응한 독특한 생김새의 생물들이 살아간다.

심해생물이라고 해서 먹이를 먹지 않고 살 수는 없는 일. 유광층에서 햇빛을 이용해 만들어진 먹이 중 약 20퍼센트만이 박광층으로 내려오고, 다시 무광층으로는 약 5퍼센트만이 전달된다. 그렇기 때문에 심해생물들은 주로 다른 동물을 잡아먹거나 죽은 생물의 사체를 먹는다. 이때 죽은 생물의 사체나 동물의 배설물은 심해에서 마치 눈처럼 아래로 떨어져 내리곤 하는데, 이게 바로 '바다 눈'이다. 바다 눈은 심해생물들에게 중요한 먹이가 된다.

어둡고 수압이 높은 심해에서 살아가는 생물들은 각자 극한 환경

우와!! 바다에도 눈이 내려.
눈이라니…….
우리 식량이 내려오는 거야. 이게 얼마나 중요한데.

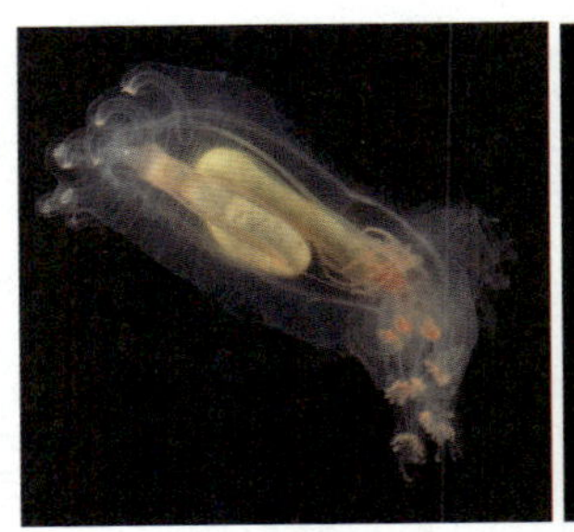

▲ 심해에 서식하는 생물들, 왼쪽부터 해파리, 아귀, 심해새우

에 적응하는 길을 찾아야 했다. 빛이 희미하게라도 들어오는 박광층에 사는 생물들은 적은 빛을 하나라도 놓치지 않고 보고자 눈이 매우 크다. 또 90퍼센트 이상이 빛을 내는 발광기관을 갖고 있어 먹이를 유인하거나 천적을 피해 몸을 숨기는 데 이용한다. 이때 한 번 잡은 먹이는 놓치지 않기 위해서인지 입은 크고, 이빨은 입 안쪽을 향하도록 휘어져 있다. 그래서 심해생물들은 그 모습이 무시무시하기까지 하다. 한편 무광층에 살아가는 동물들은 아예 눈이 퇴화한 경우가 많다. 빛이 안 들어오지 않아 어차피 볼 수 없기 때문에 굳이 눈이 필요하지 않은 것이다. 대신 물속의 작은 진동도 감지할 수 있는 세포나 기관을 갖고 있다.

빛과 더불어 심해의 극한 조건은 수압이다. 보통 수심 1,000미터 아래는 수면보다 수압이 100배 높고, 수심 10,000미터에서는 1,000배 높다. 그래서 심해생물들은 보통 물고기들과 달리 부레가 퇴화했다. 대신 몸 안에 기름을 축적해 부력을 조절한다. 액체가 기체에 비해 압력에 영향을 덜 받는다는 걸 이용하고 있는 것이다.

발그레한 빛깔에 부드러운 감촉을 가진 연어회는 사람들에게 인기 있는 메뉴다. 그리고 강에서 태어나 바다에서 자란 뒤 다시 강으로 거슬러 올라오는 신비로운 생태도 사람들의 관심을 끈다.

연어는 강에서 부화한 어린 연어, 즉 치어가 강을 따라 근처 바다로 간 뒤 다시 먼 바다로 이동한다. 이후 3~6년쯤 지나 다시 알을 낳을 때가 되면 원래 태어났던 강으로 찾아온다. 이런 습성을 '모천회귀'라고 한다. 내비게이션이 있는 것도 아닌데 엄청나게 먼 거리를 이동한 연어가 어떻게 정확하게 태어난 강을 찾아오는지는 아직 정확하게 밝혀지지 않았다.

다만 물의 온도, 비중, 염분 등 여러 가지 환경적 요인이 작용할 것이라고 추측할 뿐이다. 그리고 연어가 후각을 통해 자신이 태어난 강의 냄새를 찾아가는 거라고 보고 있다. 실제로 연어는 사람이 흘린 땀을 800배로 희석해도 알아차릴 만큼 뛰어난 후각을 갖고 있다고 알려져 있다.

연어가 바다 생활을 마치고 산란을 위해 다시 강을 거슬러 올라올 때는 민물과 바닷물이 만나는 하구에 며칠 동안 머물며 삼투압을 조절한다. 그리고 이때 혼인색이 나타나면서 은백색이던 몸이 붉게 변한다. 그리고 수컷은 턱이 돌출되면서 갈고리 모양으로 구부러지는 변화를 보인다. 강을 거슬러 오르기 시작하면서부터는 눈물겨운 투쟁이 시작된다. 먹이도 먹지 않고 오로지 자신이 태어난 곳을 찾아가는 모

▲ 산란을 위해 강을 거슬러 태어난 곳으로 회귀하는 연어

습은 눈물겹기까지 하다. 바다로 갈 때는 분명 뚫려 있던 물길이 댐이나 둑으로 막혀 있을 경우에는 더욱 그렇다. 연어는 아무리 둑이 높아도 뛰어오르기를 절대 포기하지 않기 때문에 이 과정에서 새나 곰에게 잡아먹히기도 하고, 둑에 부딪혀 생을 마감하기도 한다.

무사히 강에 도착한 다음에는 치열한 짝짓기 경쟁이 벌어진다. 연어는 암컷이 알을 낳으면 그 위에 수컷이 정액을 뿌려 수정이 일어나는 체외수정을 한다. 암컷은 적당한 물 높이에 자갈이 깔려 있는 곳



## 연어는 어떻게 물을 거슬러 올라갈까?

지난 2003년에는 연어가 어떻게 흐르는 강물을 거슬러 올라가는지에 대한 연구가 「사이언스」지에 발표되었다. 미국 하버드대학교와 매사추세츠 공과대학 공동 연구팀은 연어과에 속하는 무지개송어 12마리를 수조에 넣고 실험을 했다. 이때 소용돌이를 일으키면 무지개송어들이 소용돌이를 뚫으며 헤엄치는 대신 소용돌이 사이를 피하듯 좌우로 몸을 흔들면서 헤엄쳤다. 이 과정에서 무지개송어는 방향이 다른 소용돌이 사이를 빠져나갔는데, 그 결과 소용돌이가 강물의 흐름을 거슬러 올라가는 무지개송어를 밀어 주는 역할을 했다. 즉 연어도 강을 거슬러 오를 때 강물의 흐름을 방해하는 장애물이 있을 경우 그 주위로 소용돌이가 발생하고, 이런 소용돌이를 이용해 급류를 거슬러 오른다는 것이다.

을 찾아 터를 다진다. 그러면 수컷들은 자신의 정액을 뿌리고자 몰려 드는데, 이때 덩치가 작은 수컷은 밀리기 마련이다. 드디어 암컷이 산란을 마치면 수컷은 희뿌연 정액을 뿌리고, 암컷은 꼬리를 이용해 자갈을 밀어 알을 덮는다.

우리나라 동해안에 서식하는 연어의 경우 알을 낳은 지 3~4개월이 지난 이듬해 2월이 되면 알이 부화되기 시작한다. 이곳에서 얼마 동안 적응한 새끼 연어들은 3월이 되면 다시 강을 내려가 바다로 이동하기 시작한다. 고향으로 돌아오기까지의 긴 여정이 다시 시작되는 것이다.

## 생물에 둘러싸인 하루

| | |
|---|---|
| 펴낸날 | 초판 1쇄 2012년 1월 1일 |
| | 초판 8쇄 2025년 9월 25일 |

| | |
|---|---|
| 지은이 | 고선아 |
| 펴낸이 | 심만수 |
| 펴낸곳 | (주)살림출판사 |
| 출판등록 | 1989년 11월 1일 제9-210호 |

| | |
|---|---|
| 주소 | 경기도 파주시 광인사길 30 |
| 전화 | 031-955-1350    팩스 031-624-1356 |
| 홈페이지 | http://www.sallimbooks.com |
| 이메일 | book@sallimbooks.com |

ISBN   978-89-522-1667-0   43470
**살림Friends는 (주)살림출판사의 청소년 브랜드입니다.**

※ 값은 뒤표지에 있습니다.
※ 잘못 만들어진 책은 구입하신 서점에서 바꾸어 드립니다.